초경량비행장치 조종자격

국내 최고 드론자격 합격 걸작품!

드론
무인멀티콥터

실기편 교육용 교본

비행 전 절차 / 비행 후 점검 / 실기 비행 / 구술평가

Always with you

사람이 길에서 우연하게 만나거나 함께 살아가는 것만이 인연은 아니라고 생각합니다.
책을 펴내는 출판사와 그 책을 읽는 독자의 만남도 소중한 인연입니다.
(주)시대고시기획은 항상 독자의 마음을 헤아리기 위해 노력하고 있습니다.
늘 독자와 함께하겠습니다.

Drone(초경량비행장치)는 4차 산업혁명이 시작된 지금 전 세계적으로 국가나 기업들의 최고 관심사업으로서 주목받고 있습니다. 과연 드론으로 무엇을 할 수 있을까요? 가장 흔히 보았던 방제와 촬영에서부터 측량, 택배, 구조, 감시뿐만 아니라 요즘에는 공연 드론에 이르기까지 그 분야는 매우 방대합니다.

우리 모두가 체감하듯 자고 일어나면 드론 관련 신기술이 언론에 보도되고 있습니다. 드론은 최초 군사용으로 개발되어 활용되었지만, 최근에 멀티콥터형 드론이 출시되면서 현재는 취미 및 상업용 시장이 급속도로 성장하고 있습니다. 국내의 경우 군사용을 중심으로 연평균 22% 급성장하고 있으며, 2022년에 5,500여억 원에 달할 것이라는 분석입니다. 최근 국내 무인기 신고 대수는 급격히 증가하는 추세로 앞으로 수많은 드론이 많은 노동력을 대체할 것으로 전망됩니다.

이러한 시대적 흐름을 반영하듯 전국의 전문교육기관과 사설교육원에 조종자격증 취득을 희망하는 문의전화가 지속되고 있으며, 드론자격증 실기시험 응시자수도 기하급수적으로 늘어나고 있습니다.

이렇게 드론 국가자격증 과정에 대한 국민적 관심이 급부상하고 있음에도 불구하고 현재 각 전문 및 사설교육기관에서 드론조종입문자를 대상으로 비행교육훈련 시 초경량비행장치(무인멀티콥터) 실기평가에 대한 체계적이고도 알기 쉽게 접할 수 있는 교재가 전무한 실정입니다. 대부분 자체 제작한 교육자료와 비행교관의 개인적 경험에 기초하여 교육을 하고 있으며, 교관 특성의 차이로 인해 교육생 입장에서는 다소간 혼선이 빚어지는 경우도 발생하고 있습니다. 따라서 드론 실기평가를 준비하는 초보자 누구든지 그대로 따라하면 쉽게 이해 가능하고 실기평가와 관련된 비행기술을 체계적으로 숙달할 수 있는 교재가 절실히 필요하다고 생각하였습니다.

이 책은 전문교육기관에서 드론실기평가를 준비한 수많은 교육생들과 교관들의 경험, 그리고 한국교통안전공단에서 제시한 무인멀티콥터 실기평가기준 표준화 지침을 토대로 영상과 사진을 통하여 시각적으로 비행기술을 이해하고 인식하여 스스로 훈련 및 숙달이 가능하도록 최대한 쉽게 작성하였습니다. 이 책을 통하여 자격증 취득을 희망하는 인원들이 보다 쉽게 실기평가를 준비하고 전문 또는 사설교육기관에서도 실기평가교재로 활용되어 드론조종자 자격 취득에 효과가 있기를 기대합니다.

끝으로 이 책이 초경량비행장치(무인멀티콥터) 자격 취득 희망자들에게 좋은 수험서가 되길 기대하면서 최초로 이 책을 출판하도록 처음부터 끝까지 세밀하게 감수해주신 최경용 대표님, 도서출판 시대고시기획 박영일 회장님 이하 편집부 관계자 등 모든 분들께 깊은 감사를 드립니다.

편저자 **서일수 · 장경석**

자격증 설명

초경량비행장치 조종자 **자격시험**

초경량비행장치 조종자의 전문성을 확보하여 안전한 비행, 항공레저스포츠사업 및 초경량비행장치사용사업의 건전한 육성을 도모하기 위해 시행하는 자격시험이다.

자격종류	조종기체	기체종류
초경량비행장치 조종자	초경량비행장치	동력비행장치, 회전익비행장치, 유인자유기구, 동력패러글라이더, 무인비행기, 무인비행선, 무인멀티콥터, 무인헬리콥터, 행글라이더, 패러글라이더, 낙하산류

초경량비행장치 조종자 **증명서**(국문 1장, 영문 1장 총 2장 발급)

초경량비행장치 조종자 증명서 예시(국문)　　　초경량비행장치 조종자 증명서 예시(영문)

국문 앞면　　　　　　　　　　　　영문 앞면

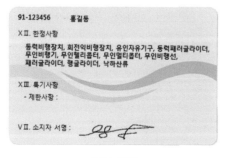

국문 뒷면　　　　　　　　　　　　영문 뒷면

무인멀티콥터

사람이 타지 않고 무선통신장비를 이용하여 조종하거나 내장된 프로그램에 의해 자동으로 비행하는 비행체로, 구조적으로 헬리콥터와 유사하나 양력을 발생하는 부분이 회전익이 아니라 프로펠러 형태이며 각 프로펠러의 회전수를 조정하여 방향 및 양력을 조정한다. 항공촬영, 농약살포 등에 널리 활용되고 있다.

전 망

자격 취득 후 방송국, 농업방제업체 등 관련 기체를 사용하는 업체에 취업할 수 있으며, 최근 과학기술 정보통신부에서 '무인이동체 기술혁신과 성장 10개년 로드맵'을 발표하는 등 4차 산업혁명 기술 집약체로서 주목받고 있다.

출처 : 과학기술정보통신부, 2017.12

시험 상세정보

 ## 자격종목

자격명	기체종류	관련부처	시행기관
초경량비행장치 조종자	무인비행장치	국토교통부	한국교통안전공단

 ## 취득방법

■ 초경량비행장치 조종자 자격시험은 학과시험과 실기시험에 모두 합격해야 한다.

구 분	학과시험	실기시험
시험과목	항공법규, 항공기상, 비행이론 및 운용	조종 실무
검정방법	객관식 4지 택일형 통합 1과목 40문제(50분)	구술시험, 실비행시험
합격기준	70점 이상	모든 채점항목에서 S등급 이상

 ## 응시자격

■ 한국교통안전공단 웹사이트 자격시험 정보에서 확인 가능하다.

자 격	기본응시요건	비행경력만 있는 경우	항공종사자 자격 보유	전문교육 기관 이수
무인멀티콥터	연령제한 : 14세 이상	해당종류 총 비행경력 20시간 (무인헬티콥터 자격소지자는 10시간)	해당사항 없음	전문교육기관 해당 과정 이수

실기시험 **원서접수** ▪ 공단 홈페이지 항공종사자 자격시험 페이지를 통해 접수해야 한다.

접수일자	시험일 2주 전(前) 수요일 ~ 시험 시행일 전(前)주 월요일
접수시간	접수 시작일자 20:00~접수 마감일자 23:59
접수제한	정원제 접수에 따른 접수인원 제한
시험장소	응시자 요청에 따라 별도 협의 후 시행
결과발표	시험종료 후 당일 18:00 인터넷 홈페이지에서 확인

※ 무인비행기, 무인헬리콥터, 무인멀티콥터, 무인비행선 실기시험 접수 시 반드시 사전에 교육기관과 비행장치 및 장소 제공 일자에 대한 협의를 하여 협의된 날짜로 접수해야 한다.

※ 시험 일정은 TS한국교통안전공단(http://www.ts2020.kr) 홈페이지 – 항공/초경량 자격시험 – 연간 시험 일정에서 확인할 수 있다.

실기시험 **시험과목 및 범위**

자격종류	범 위
초경량비행장치 조종자	• 기체 및 조종자에 관한 사항 • 기상 · 공역 및 비행장에 관한 사항 • 일반지식 및 비상절차 등 • 비행 전 점검 • 지상활주(또는 이륙과 상승 또는 이륙동작) • 공중조작(또는 비행동작) • 착륙조작(또는 착륙동작) • 비행 후 점검 등 • 비정상절차 및 비상절차 등

세부 실기시험 평가 기준(무인멀티콥터) ▪ 기준은 실기시험표준서를 따른다.

·구술시험

※ 각 항목은 빠짐없이 평가되어야 함

※ 세부내용이 많은 항목은 임의로 추출(3개 이상)하여 구술로 평가 가능

항 목	세부내용	평가기준
기체에 관련한 사항	• 기체형식(무인멀티콥터 형식) • 기체제원(자체중량, 최대 이륙중량, 배터리 규격) • 기체규격(로터직경) • 비행원리(전후진, 좌우횡진, 기수전환의 원리) • 각 부품의 명칭과 기능(비행제어기, 자이로센서, 기압센서, 지자기센서, GPS수신기) • 안정성인증검사, 비행계획승인 • 배터리 취급 시 주의사항	각 세부 항목별로 충분히 이해하고 설명할 수 있을 것
조종자에 관련한 사항	초경량비행장치 조종자 준수사항	
공역 및 비행장에 관련한 사항	• 비행금지구역 • 비행제한공역 • 관제공역 • 허용고도 • 기상조건(강수, 번개, 안개, 강풍, 주간)	각 세부 항목별로 충분히 이해하고 설명할 수 있을 것
일반지식 및 비상절차	• 비행계획 • 비상절차 • 충돌예방(우선권) • NOTAM(항공고시보)	
이륙 중 엔진 고장 및 이륙 포기	이륙 중 비정상 상황 시 대응방법	

· 실비행시험

영 역	항 목	평가기준
비행 전 절차	비행 전 점검	제작사에서 제공된 점검리스트에 따라 점검할 수 있을 것
	기체의 시동	정상적으로 비행장치의 시동을 걸 수 있을 것
	이륙 전 점검	이륙 전 점검을 정상적으로 수행할 수 있을 것 ※ 이륙 전 점검이 필요한 비행장치만 해당
이륙 및 공중조작	이륙비행	• 이륙위치에서 이륙하여 스키드 기준 고도(3~5m)까지 상승 후 호버링 　※ 기준고도 설정 후 모든 기동은 설정한 고도와 동일하게 유지 • 호버링 중 에일러론, 엘리베이터, 러더 이상유무 점검 • 세부기준 　- 이륙 시 기체쏠림이 없을 것 　- 수직상승할 것 　- 상승속도가 너무 느리거나 빠르지 않고 일정할 것 　- 기수방향을 유지할 것 　- 측풍 시 기체의 자세 및 위치를 유지할 수 있을 것

시험 상세정보

영 역	항 목	평가기준
이륙 및 공중조작	공중 정지비행 (호버링)	• 호버링 위치(A지점)로 이동하여 기준고도에서 5초 이상 호버링 • 기수를 좌측(우측)으로 90도 돌려 5초 이상 호버링 • 기수를 우측(좌측)으로 180도 돌려 5초 이상 호버링 • 기수가 전방을 향하도록 좌측(우측)으로 90도 돌려 호버링 • 세부기준 　– 고도변화 없을 것(상하 0.5m까지 인정) 　– 기수전방, 좌측, 우측 호버링 시 위치이탈 없을 것(무인멀티콥터 중심축 기준 반경 1m까지 인정)
	직진 및 후진 수평비행	• A지점에서 E지점까지 50m 전진 후 3~5초 동안 호버링 • A지점까지 후진비행 • 세부기준 　– 고도변화 없을 것(상하 0.5m까지 인정) 　– 경로이탈 없을 것(무인멀티콥터 중심축 기준 좌우 1m까지 인정) 　– 속도를 일정하게 유지할 것(지나치게 빠르거나 느린속도, 기동 중 정지 등이 없을 것) 　– E지점을 초과하지 않을 것(5m까지 인정) 　– 기수 방향이 전방을 유지할 것
	삼각비행	• A지점에서 B지점(D지점)까지 수평비행 후 5초 이상 호버링 • A지점(호버링 고도+수직 7.5m)까지 45도 대각선 방향으로 상승하여 5초 이상 호버링 • D지점(B지점)의 호버링 고도까지 45도 대각선 방향으로 하강하여 5초 이상 호버링 • A지점으로 수평비행하여 복귀 • 세부기준 　– 경로 및 위치 이탈이 없을 것(무인멀티콥터 중심축 기준 1m까지 인정) 　– 속도를 일정하게 유지할 것(지나치게 빠르거나 느린 속도, 기동 중 정지 등이 없을 것)
	원주비행 (러더턴)	• 최초 이륙지점으로 이동하여 기수를 좌(우)로 90도 돌려 5초간 호버링 후 반경 7.5m(A지점 기준)로 원주비행 ※ B ···▸ C ···▸ D ···▸ 이륙지점 또는 D ···▸ C ···▸ B ···▸ 이륙지점 순서로 진행되며 각 지점을 반드시 통과해 야함 • 이륙장소에 도착하여 5초간 호버링 후 기수방향을 전방으로 돌려 호버링 • 세부기준 　– 고도변화 없을 것(상하 0.5m까지 인정) 　– 경로이탈 없을 것(무인멀티콥터 중심축 기준 1m까지 인정) 　– 속도를 일정하게 유지할 것(지나치게 빠르거나 느린 속도, 기동 중 정지 등이 없을 것) 　– 기수방향 유지(이륙지점 호버링 방향을 기준으로 B, D지점 90도, C지점 180도) 　– 기동 중 과도한 에일러론 조작이 없을 것

영 역	항 목	평가기준
이륙 및 공중조작	비상조작	• 기준고도에서 2m 상승 후 호버링 • 실기위원의 "비상" 구호에 따라 일반 기동보다 1.5배 이상 빠르게 비상착륙장으로 하강한 후 비상착륙장 기준 고도 1m 이내에서 잠시 정지하여 위치 수정 후 즉시 착륙 • 세부기준 　– 하강 시 스로틀을 조작하여 하강을 멈추거나 고도 상승 시(착륙 직전 제외) 　– 직선경로(최단경로)로 이동할 것 　– 착륙 전 일시정지 시 고도는 비상착륙장 기준 1m까지 인정 　– 정지 후 신속하게 착륙할 것 • 랜딩기어를 기준으로 비상착륙장의 이탈이 없을 것
	정상접근 및 착륙 (자세모드)	• 비상착륙장에서 이륙하여 기준고도로 상승 후 5초간 호버링 • 최초 이륙지점까지 수평비행 후 착륙 • 세부기준 　– 기수 방향 유지 　– 수평비행 시 고도변화 없을 것(상하 0.5m까지 인정) 　– 경로이탈이 없을 것(무인멀티콥터 중심축 기준 1m까지 인정) 　– 속도를 일정하게 유지할 것(지나치게 빠르거나 느린 속도, 기동 중 정지 등이 없을 것) 　– 착륙 직전 위치 수정 1회 이내 가능 　– 무인멀티콥터 중심축을 기준으로 착륙장의 이탈이 없을 것
	측풍접근 및 착륙	• 기준고도까지 이륙 후 기수방향 변화 없이 D지점(B지점)으로 직선경로(최단경로)로 이동 • 기수를 바람방향(D지점 우측, B지점 좌측을 가정)으로 90도 돌려 5초간 호버링 • 기수방향의 변화 없이 이륙지점까지 직선경로(최단경로)로 수평비행하여 5초간 호버링 후 착륙 • 세부기준 　– 수평비행 시 고도변화 없을 것(상하 0.5m까지 인정) 　– 경로이탈이 없을 것(무인멀티콥터 중심축 기준 1m까지 인정) 　– 속도를 일정하게 유지할 것(지나치게 빠르거나 느린 속도, 기동 중 정지 등이 없을 것) 　– 착륙 직전 위치 수정 1회 이내 가능 　– 무인멀티콥터 중심축을 기준으로 착륙장의 이탈이 없을 것
비행 후 점검	비행 후 점검	착륙 후 점검 절차 및 항목에 따라 점검 실시
	비행기록	로그북 등에 비행 기록을 정확하게 기재 할 수 있을것
종합능력	계획성	실기시험 항목 전체에 대한 종합적인 기량을 평가
	판단력	
	규칙의 준수	
	조작의 원활성	
	안전거리 유지	

자격증 취득 절차

취득
절차 **학과시험**

1. 응시자격신청
▶ **장소** : 홈페이지 [응시자격신청] 메뉴 이용

2. 학과시험접수
▶ **인터넷** : 공단 홈페이지(항공종사자 자격시험 페이지)

3. 학과시험
▶**시행방법** : 컴퓨터에 의한 시험 시행(CBT)
▶무인헬리콥터 조종자 자격을 보유한 경우
무인멀티콥터 학과시험 면제
▶전문교육기관에서 초경량비행장치조종자/
종류 과정을 이수한 경우 전과목 면제

4. 합격발표
▶**시험종료 즉시 시험 컴퓨터에서 확인**
(공식적인 결과발표는 홈페이지로 18:00 발표)

취득 절차 — 실기시험

5. 실기접수

▶ **인터넷** : 공단 홈페이지(항공종사자 자격시험 페이지)

6. 실기시험

▶ **시행방법** : 구술시험 및 실비행시험
▶ **시작시간** : 공단에서 확정 통보된 시작시간
　　　　　　(시험접수 후 별도 SMS 통보)

7. 최종합격

▶ 시험종료 후 시험당일 18:00 인터넷 홈페이지
　(항공종사자 자격시험 페이지)에서 확인

8. 발급신청

▶ **자격증 신청 제출서류** : (필수) 명함사진 1부, (필수) 보통 2종 이상 운전면허
　　　　　　　　　　　　사본 1부
▶ **신청기간** : 최종합격발표 이후(인터넷 : 24시간, 방문 : 근무시간)
▶ **신청장소**
　• **인터넷** : 공단 홈페이지 항공종사자 자격시험 페이지(등기우편으로 수령)
　• **방문** : 항공시험처 사무실(평일 09:00~18:00)

접수관리 사이트 접속방법

01 가입신청 후 로그인

02 사업소개에서 항공/초경량 자격시험 탭을 클릭합니다.

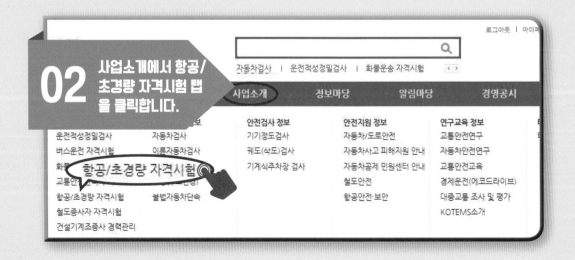

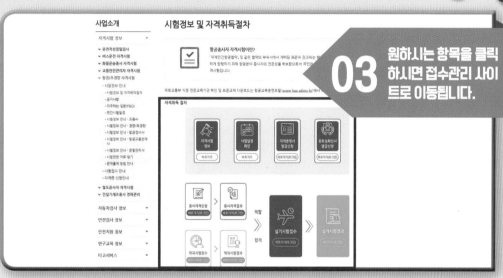

03 원하시는 항목을 클릭하시면 접수관리 사이트로 이동됩니다.

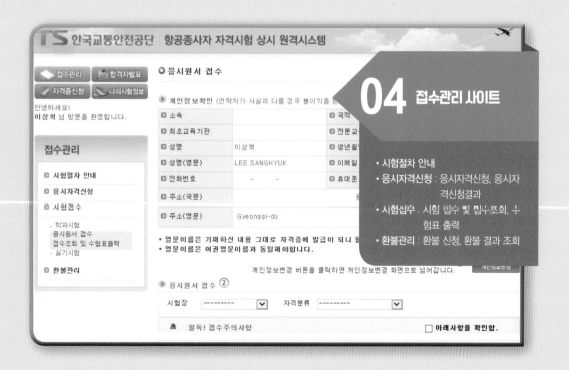

04 접수관리 사이트

- 시험절차 안내
- 응시자격신청 : 응시자격신청, 응시자격신청결과
- 시험접수 : 시험 접수 및 접수조회, 수험표 출력
- 환불관리 : 환불 신청, 환불 결과 조회

목차

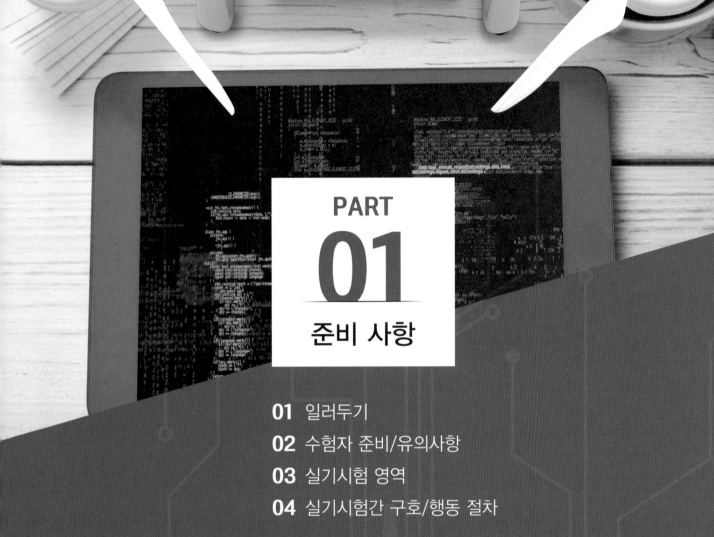

PART

01

준비 사항

01 일러두기

(1) 과제 유형

구 분	실기평가	구술평가
내 용	실기 TEST(23개 항목)	지식 TEST(5개 항목)
평 가	합 / 불	합 / 불
시 간	15~20분 내외	15~20분 내외
비 고	S : 만족(Satisfactory) U : 불만족(Unsatisfactory)	통상 5~10개 내외로 구술 평가

(2) 심사기준 / 실격 요인

① 각 실기비행코스 시험 중 조종간 실수, 임무 미수행, 위치/경로/고도 이탈, 불안정한 접근 및 착륙/조작, 실기시험위원의 지정사항 미수행, 안전거리 미준수, 착륙장에서 기체 이탈의 경우 과목당 불합격이 되며 전체 23개 항목 중 1개 항목에서 불합격시 실비행시험에서 불합격 된다.

② 조종간 실수(키 미스) : 조작 구호와 다른 행동

　예 좌측면 호버링 구호시 우러더를 사용하여 우측면 상태로 기체 정렬을 할 경우 실격처리 된다.

③ 임무 미수행 : 전체 시험코스 항목 중 1개를 미수행하고 다음 코스로 진행 시

　예 이륙비행 → 공중 정지비행(호버링) → 직진 / 후진 비행시 공중 정지비행(호버링)을 생략 하고 직진 / 후진 비행 임무 수행하는 경우에 실격처리된다.

④ 위치 이탈 : 각 코스 진행간 정지 시 '라바콘'을 기준으로 오차 범위 이상 시

　예 각 코스별로 정지 시에 라바콘을 기준으로 기체 중심이 1m 이상 벗어날 경우이며, 기체의 이동 방향을 기준으로 전/후/좌/우를 다 포함한다. 통상적으로 각 축에 있는 프로펠러가 1 개라도 라바콘 위에 있으면 '허용범위 이내' 수준이지만 그 이상 이탈 시 실격처리 된다. 단, 50m 직진비행 시 라바콘 기준으로 기체 중심 3~5m까지 허용된다.

준비 사항

⑤ **경로 이탈** : 각 코스별 진행('라바콘 ↔ 라바콘') 시 좌 또는 우측으로 1m 이상 이탈하여 비행 시

📝 각 코스별로 비행 시에는 라바콘과 라바콘을 기준으로 기체 중심이 1m 이상 벗어나지 않도록 적절하게 에일러론과 엘리베이터 키를 조작하여, 기체가 비행방향을 기준으로 전/후/좌/우로 이탈하지 않도록 해야 한다. 통상 직진/후진 수평비행 시 공중 정지비행(호버링) 라바콘에서 50m 전방에 있는 라바콘으로 직진/후진 수평비행 시 가상의 '선'을 중심으로 프로펠러가 1개라도 가상의 선 위에 있으면 '허용범위 이내' 수준이지만 그 이상 이탈 시 실격처리 된다. 좌/우 수평 비행시에는 전/후/좌/우로 1m 이상 이탈하지 않도록 주의해야 한다.

⑥ **고도 이탈** : 각 코스별 진행('라바콘 ↔ 라바콘')시 기체를 중심으로 상/하(또는 위/아래)로 50cm 이상 이탈하여 비행 시

📝 각 코스별 비행 시에는 기준고도를 기준으로 기체 랜딩기어가 50cm 이상 벗어나지 않도록 적절하게 스로틀 키를 조작하여, 기체가 기준고도를 기준으로 상/하(위/아래)로 이탈하지 않도록 해야 한다. 통상 드론(비행체)의 수직 높이가 30~50cm 내외이기 때문에 기체 1대 범위 이상 이탈하게 되면 실격 처리 된다고 보면 된다.

⑦ **불안정한 접근/착륙** : 안정된 접근(최소한의 조종간을 사용하여 초경량비행장치를 안전하게 착륙시킬 수 있도록 접근하는 것을 말하며, 접근할 때 과도한 조종간 사용은 부적절한 무인멀티콥터 조작으로 간주)을 실시하지 않아 경로이탈에 해당되거나 과도한 스로틀 조종간 조작으로 하드랜딩(기체가 지면에 빠르게 내려가면서 지면에 부딪혀 일시적으로 튕기는 현상)이 되는 사항이 발생하며, 이는 부적절한 '착륙' 조작으로 간주되어 실격 처리된다.

⑧ **불안정한 조작** : 각 코스별로 실기시험 진행 시 과도한 급조작(급가속 또는 급정지 등)을 실시하는 사항으로 대부분 실기 수험생이 긴장하여 '공중 정지비행(호버링)'후에 직진/후진 수평비행 → 삼각비행 → 원주비행(러더턴)을 진행하면서 속도를 점점 빠르게 하는 경우가 대다수이다. 이러한 경우 가속도의 법칙에 의거 각 미션별 '정지 포인트'에서 정지를 정상적으로 실시하지 못하는 경우(드론이 계속 밀리거나 전/후/좌/우로 계속 움직임)가 대다수 응시 인원에게 발생하게 되는데, 이럴 경우 실격 처리될 확률이 높다.

준비 사항

⑨ **지정사항 미수행** : 각 코스별 '정지'구호 후 '3초 또는 5초'대기를 지시하였으나, 미준수하고 '정지'구령과 동시에 바로 다음 코스로 기동 하는 행위 또는 '정지'행위를 실시하지 않고 다음 코스 실기 비행을 실시하는 경우에도 실격 처리 될 수 있다.

> 예 직진/후진 수평비행 후 '정지'하지 않고 '삼각비행' 실시를 위해 '우' 또는 '좌'로 수평 비행을 실시하는 경우이다. 또한, 이륙비행 전에 '비행 전 점검'을 실시하게 규정되어 있는데 이를 생략하고 바로 시동 후 이륙을 시키는 행위 등 또한 지정사항 미준수에 해당되며, 실격처리 될 수 있다.

⑩ **안전거리 미준수** : 조종석 펜스로부터 착륙장/비상착륙장까지 15m의 안전거리를 설정하였는데 실비행시험 간 15m 이내에서 임무 수행 시에는 무조건 실격처리되니 반드시 준수하여야 한다.

> 예 GPS 미수신/FC 오류 등 기체에 이상이 발생한다면 통상적으로 초당 2~3m로 기체가 전/후/좌/우 방향으로 비행하게 되며, 초당 3m로 안전펜스 방향으로 이동한다면 조치할 수 있는 시간이 4~5초 밖에 없어 안전을 위한 보호 장치이기 때문이다. 실제로 교육간에 원주비행을 마치고 호버링 실시간 지자기 교란에 의해 GPS가 미수신된 상태로 전환되어 '자세모드' 상태에서 교육생이 엘리베이터 후진 키를 조작하여 불과 2~3초만에 안전펜스로 돌진하는 사례가 있었는데, 다행히 펜스에 충돌하여 인명 피해는 없었지만 자칫 대형사고로 이어질 뻔한 아찔한 순간이었다. 따라서, 안전거리에 대한 부분은 준 합격~합격 수준이 없이 즉각 불합격 처리될 수 있는 점임을 명심한 상태에서 비행을 실시해야한다.

⑪ **착륙장에서 기체 이탈** : 다음의 그림과 같이 비상착륙간에는 랜딩기어/스키드(다리)가 사각형 (2×2m) 선 안에 있어야하며, 정상접근/착륙간에는 기체의 무게중심(즉, 기체의 중앙 부분)이 사각형(2×2m) 선 안에 위치하여야 합격이다.

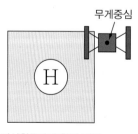
비상착륙단계 합격 기준

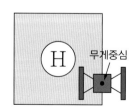
정상접근/착륙단계 합격 기준

(3) 실기 비행 코스 / 요도

실비행시험

- 비행 전 절차
  (비행 전 점검, 기체의 시동, 이륙
  전 점검)
- 이륙/공중 조작
  - 이륙 비행
  - 공중 정지비행(호버링)
  - 직진 및 후진 수평비행
  - 삼각비행
  - 원주비행(러더 턴)
  - 비상조작
  - 정상접근 및 착륙(자세모드)
  - 측풍접근 및 착륙(GPS 모드)
- 비행 후 점검
  (비행 후 점검, 비행 기록)
- 종합능력
  (계획성, 판단력, 규칙의 준수, 조작
  원활성, 안전거리 유지)

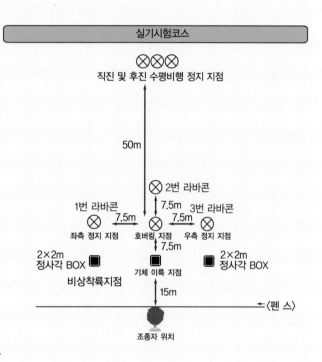

※ 교통안전공단 제시 실기시험장 규격 : 별지#1 참조

02 수험자 준비/유의사항

(1) 응시자격

① 최근 2년 이내 학과시험 합격

② 조종자증명에 한정될 초경량비행장치로 비행교육을 받고 초경량비행장치 조종자증명 운영세칙에서 정한 비행경력을 충족

③ 시험장 및 현재 유효한 항공신체검사증명서를 소지

(2) 준비물 : 운전면허증, 수험표, 비행경력증명서, 교육 수료증(또는 필기 합격증)

※ 면허증 미 소지자는 '항공 신체검사 증명서'로 대체

(3) 유의사항

① 복장은 단정히(반바지, 트레이닝복, 슬리퍼 등 착용 금지)

② 실기 시험 30분 이전 비행장 도착(08:00 실기 비행 시험 시작)

③ 수험표의 성명과 운전면허증 성명이 동일해야함

　※ 개명 시 주민등록초본을 지참하여 개명 전과 개명 후 본인이 일치되는 것이 확인되어야 실기 시험 응시 가능

④ 실기 시험 시 조종자가 과도하게 비행자세 및 조종 위치 변경 금지

03 실기시험 영역

(1) 구술 관련 사항

① 기체에 관련한 사항

㉠ 비행장치 종류에 관한 사항

㉡ 비행허가에 관한 사항

㉢ 안전관리에 관한 사항

㉣ 비행규정에 관한 사항

㉤ 정비규정에 관한 사항

② 조종자에 관련한 사항

㉠ 신체조건에 관한 사항

㉡ 학과합격에 관한 사항

㉢ 비행경력에 관한 사항

㉣ 비행허가에 관한 사항

③ 공역 및 비행장에 관련한 사항

㉠ 기상정보에 관한 사항

㉡ 이·착륙장 및 주변 환경에 관한 사항

④ 일반지식 및 비상절차

㉠ 비행규칙에 관한 사항

㉡ 비행계획에 관한 사항

㉢ 비상절차에 관한 사항

⑤ 이륙 중 엔진 고장 및 이륙 포기

㉠ 이륙 중 엔진 고장에 관한 사항

㉡ 이륙 포기에 관한 사항

(2) 실기 관련 사항

   ① 비행 전 절차

      ㉠ 비행 전 점검

      ㉡ 기체의 시동

      ㉢ 이륙 전 점검

   ② 이륙 및 공중조작

      ㉠ 이륙비행

      ㉡ 공중 정지비행(호버링)

      ㉢ 직진 및 후진 수평비행

      ㉣ 삼각비행

      ㉤ 원주비행(러더턴)

      ㉥ 비상조작

   ③ 착륙조작

      ㉠ 정상접근 및 착륙

      ㉡ 측풍접근 및 착륙

   ④ 비행 후 점검

      ㉠ 비행 후 점검

      ㉡ 비행기록

(3) 종합능력 관련사항

   ① 계획성

   ② 판단력

   ③ 규칙의 준수

   ④ 조작의 원활성

   ⑤ 안전거리 유지

04 실기시험간 구호 / 행동 절차

(1) 비행 전 절차(응시자 비행장 입장)

순 서	통제구호 (실기시험위원)	복명구호 (응시자)	행동요령 (응시자)
1	"비행준비"	"비행준비"	조종기와 배터리 박스를 들고 비행장에 입장
2	"배터리 장착"	"배터리 장착"	• 배터리 박스를 잠근 후 조종기를 박스 위에 위치 • 기체 배터리 틀에 배터리를 장착
3	"조종기 ON"	"조종기 전원 스위치 ON"	전원 스위치를 ON에 위치 후 모니터를 보면서 배터리 6V 이상 여부, 기타 토글 스위치 상태를 확인
4	"기체점검"	"기체점검"	• "프로펠러", "모터", "암" 등을 1~4번 순서대로 호명하면서 점검(1번 축을 기준으로) • 메인프레임, 스키드, GPS를 순서대로 호명하면서 점검 후 "이상무"구호
5	"배터리 연결"	"배터리 연결"	메인 배터리를 전원단자에 연결(구형 기체의 경우 검정 → 빨강 순)
6	"배터리 CHECK"	–	• 배터리 점검화면에 볼트 확인 후 "00V 이상 무"복창 • 정격전압 이하 표시시 배터리 교체
7	"조종자 위치로"	"조종자 위치로"	조종기와 배터리 박스를 들고 안전펜스 밖으로 퇴장
0	"비행장 안전점검"	"비행장 안전전건"	"사람 이상무, 장애물 이상무, 풍향/풍속 남서 풍 초속 2m, GPS 이상무(녹색 또는 부라색)" 구호

(2) 이륙 및 공중동작(응시자 조종석에 위치)

순 서	통제구호 (실기시험위원)	복명구호 (응시자)	행동요령 (응시자)
1	"비행 전 점검"	–	시동, 이륙, 정지(약 3~5초간 대기), 비행 전 점검(전/후/좌/우, 좌/우측면) 후 "이상 무"구호
2	"호버링 위치로"	"호버링 위치로"	7.5m 전방에 있는 라바콘 위치로 이동 및 "정지"구호와 함께 정지 호버링(약 3~5초간 대기)
3	"정지 호버링" 실시	"좌측면 호버링"	좌측면으로 90°회전 후 "정지"구호와 함께 정지 호버링(약 3~5초간 대기)
		"우측면 호버링"	좌측면에서 우측면으로 180°회전 후 "정지"구호와 함께 정지 호버링(약 3~5초간 대기)
		"기수정렬" 또는 "호버링"	우측면에서 정면으로 90°회전 후 "정지"구호와 함께 정지 호버링(약 3~5초간 대기)
4	"직진/후진 수평비행" 실시	"직진" 또는 "전진"	정지 호버링 위치에서 전방 50m 지점까지 전진 후 "정지"구호와 함께 정지 호버링(약 3초간 대기)
		"후진"	50m 전방 라바콘위치에서 그대로 50m 후방 호버링 위치로 후진 후 "정지"구호와 함께 정지 호버링(약 3~5초간 대기)
5	"삼각비행" 실시	"우(좌)로 이동"	호버링 위치에서 우(좌)측으로 7.5m 이동 후 "정지"구호와 함께 정지 호버링(약 3초간 대기)
		"좌(우)로 상승비행"	우(좌)측 정지 호버링 위치에서 좌(우)로 7.5m 이동 및 7.5m 고도 상승 후 "정지"구호와 함께 정지 호버링(약 3~5초간 대기)
		"좌(우)로 하강비행"	상승된 위치에서 좌(우)로 7.5m 하강비행하여 기준고도 높이까지 하강 후 "정지"구호와 함께 정지 호버링(약 3~5초간 대기)
		"호버링 위치로"	우(좌)로 7.5m 이동하여 정지 호버링 위치로 이동 후 "정지"구호

순 서	통제구호 (실기시험위원)	복명구호 (응시자)	행동요령 (응시자)
6	"원주비행" 실시	"원주비행 위치로"	삼각비행 후 최종 정지 호버링 위치에서 7.5m 후진하여 착륙장(2×2m)에서 정지 호버링
		"준비"	기체를 좌로 90°회전하여 좌측면 호버링을 실시
		"실시"	기체를 원주에 따라서 한바퀴 비행(좌 또는 우로) 후 출발위치로 원위치하면 "정지"구호와 함께 정지 호버링
		"기수정렬" 또는 "호버링"	기체를 정면으로 향하도록 우로 90°회전 후 "정지"구호와 함께 정지 호버링
7	"비상조작 실시"	"2m 고도상승"	착륙장 위치에서 고도를 2m 더 높게 기체를 상승 후 정지 호버링
		"비상착륙" 또는 "비상착륙 실시"	기체를 좌측 비상착륙지점 위 30cm 높이에 좌로 하강비행 후 일시정지한 후에 유연하게 지상 착륙하여 시동을 Off
8	"정상접근 및 착륙" 실시	"자세모드 전환"	비상착륙지점에서 자세모드 전환 및 기체를 시동 후 이륙, 정지 호버링(3~5초간 대기)
		"착륙장 위치로"	우측으로 7.5m 이동하여 착륙장 상공에서 정지 호버링(3~5초 대기) 및 수직하강/착륙하여 "정지"구호와 함께 시동을 Off
9	"측풍접근"/ "착륙" 실시	"시동"/ "이륙"	시동을 걸어 이륙하여 기준고도에서 "정지"구호 후 정지 호버링(약 3~5초간 대기)
		"측풍접근 위치로"	우측 전방 사선으로 기체를 비행하여 우측 라바콘 상공에서 "정지"구호
		"기수정렬/호버링"	기체를 우측면으로 향하도록 우로 90°회전 후 정지 호버링
		"측풍접근"	최초 착륙장 위치로 우측 후방 사선(45°)으로 기체를 비행하여 이동 후 착륙장 위에서 우측면 상태로 정지 호버링(약 3~5초간 대기)

		"착륙"	우측면상태로 측풍접근한 기체를 수직하강시켜 착륙장에서 착륙, 시동 Off 후 "정지"구호
10	"비행종료"	"비행종료"	"00분 00초 비행완료"라고 구호

(3) 비행 후 절차(응시자 비행장 입장)

순 서	통제구호 (실기시험위원)	복명구호 (응시자)	행동요령 (응시자)
1	"비행 후 점검 위치로"	"비행 후 점검 위치로"	조종기와 배터리 박스를 들고 비행장에 입장
2	"배터리 분리"	"배터리 분리"	배터리 분리(구형 기체 적색 → 흑색순)
3	"조종기 Off"	"조종기 전원 스위치 Off"	조종기의 전원 스위치를 Off에 위치
4	"비행 후 점검"	"비행 후 점검"	• "프로펠러", "모터", "암"등을 순서대로 호명하면서 점검(1번축을 기준으로) • "메인프레임", "스키드", "GPS"를 순서대로 호명하면서 점검 후 "이상 무"구호
5	"배터리 탈착"	"배터리 제거"	배터리를 제거하여 배터리 박스에 보관
6	"조종사 퇴장"	"조종사 퇴장"	퇴장하여 배터리 충전
7	"비행일지 작성"	"비행일지 작성"	비행일지에 비행결과를 기록

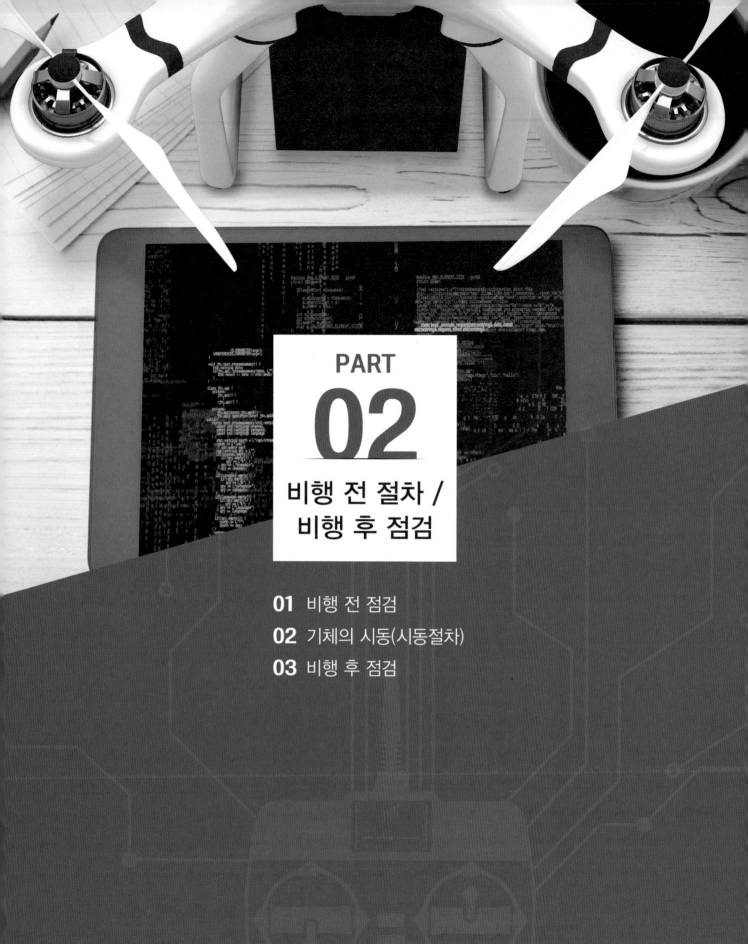

PART

02

비행 전 절차 /
비행 후 점검

비행 전 절차 / 비행 후 점검

01 비행 전 점검

1 조종기 외관 상태 점검

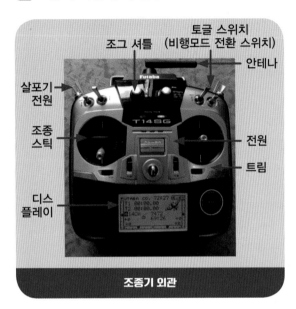

토글 스위치
조그 셔틀 (비행모드 전환 스위치)
안테나
살포기 전원
조종 스틱
전원
트림
디스 플레이

조종기 외관

조종기 외관 상태 점검은 안테나 방향/트림/토글 스위치 등을 확인한다. 안테나 방향은 조종기와 수평이 되게 하여야 최대 출력이 송신되며, 토글 스위치는 항상 조종기를 잡고 있는 상태에서 뒤로 젖혀 놓아야 한다. 통상 우측 상단 토글 스위치에 GPS나 자세 모드를 설정해 놓는데 설정 방식에 따라 맨 위 상단 위치에 놓는 경우도 있기 때문에 지도교관의 설명을 잘 듣고 운용하여야 한다.

유의사항 or 잦은 실수

조그 셔틀 스위치에 에일러론이나 러더값이 설정되어 있다면, 조그 셔틀이 회전해 있는 만큼 기체는 헌팅 현상(전/후/좌/우로 심하게 흔들림)이 일어날 수 있다. 또한, 실기시험 중 자세모드 스위치를 조작해 자세모드로 변경되는 등 평가 간에 본인의 실수로 자세모드 상태로 측풍접근/착륙을 실시하여 탈락하는 경우가 종종 발생하니 주의하도록 해야 한다.

CHECK POINT

안테나는 사진처럼 옆으로 눕혀 놓아야 전파 송신 출력이 높다. 또한 각 토글 스위치별로 특정한 기능이 설정되어 있으니, 기능이 작동되지 않는 Stand-by 상태가 어느 방향인지 확인하여 시험/운용간에 해당 기능이 작동되지 않도록 해야 한다.

비행 전 절차 / 비행 후 점검

2 조종기 표시창 점검

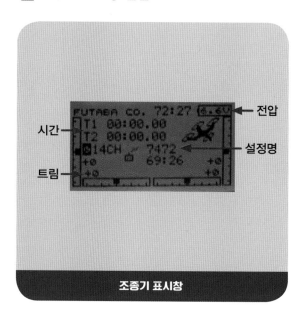

시간 ←
전압 →
설정명 →
트림 ←

조종기 표시창

조종기 스위치를 ON한 후에 모니터 상에 배터리 잔량(조종기에 따라 기준전압의 차이가 있으나 후타바 14SG의 경우 6.0V 이상), 트림(전/후/좌/우/러더/스로틀), 위치, 시간, 모델명 설정 등을 확인한다. 트림이 설정되어 있다면 호버링이 안되고 기체가 설정된 방향으로 계속 흐르며, 시간 미설정 시 비행시간 체크가 안되며, 모델명이 다를 경우 조종기와 드론간에 전파 송/수신이 안되어 조작이 불가능하다.

🔔 유의사항 or 잦은 실수

조종기 배터리 전압을 체크하지 않으면 비행 중 조종기가 Off되어 추락하는 사례가 발생할 확률이 높고, 모델명을 확인하지 않으면 조종이 안되는 사례가 다수 발생한다. 특히 트림값(우측 : 엘리베이터, 우측 하단 : 에일러런, 좌측 하단 : 러더, 좌측 : 스로틀)을 확인하지 않아 드론이 전/후/좌/우 방향 중 특정방향으로 흐르는 경우가 다수 발생한다. (키보드 Lock 설정 권고)

📍 CHECK POINT

조종기와 드론이 동일하게 설정되어 있는지 모델명 확인이 필수이며, 트림은 항상 "0"에 위치하여야 한나. 트림이 "+"나 "−" 값으로 설정되어 있다면 정지 호버링 간에 전/후/좌/우 방향으로 "값" 설정에 따라 느리거나 빠른 속도로 이동하게 된다.

비행 전 절차 / 비행 후 점검

3 배터리(종류별) 정격 / 완충 전압

종류	정격전압 (1Cell)	완충전압 (1Cell)
리튬폴리머 (LiPo)	3.7V	4.2V
리튬철(LiFe)	3.3V	3.6V
니켈수소(NiMh)	1.2V	1.4V

배터리 정격전압

배터리 셀별로 정격/완충전압은 매우 중요하다. 모든 배터리는 셀별로 정격전압 이상 시에 사용하여야 하며, 완충전압과 유사한 전압이 유지될 때 비행을 실시하여야 한다. 만일 6Cell이나 3Cell 중 1개 Cell이라도 정격전압 또는 이하에 있다면 재충전 또는 다른 배터리로 교체 후 비행을 실시하여야 한다. 좌측 도표는 배터리 종류별 정격/완충전압으로 이를 반드시 준수하여 사용하여야 하고, 숙지하여야 한다.

유의사항 or 잦은 실수

비행 교육간 1개 Cell이 방전되어 배터리 CUT 상황이 조기에 발생(25분 비행 연습 중 15분 경과시)하여 한 개의 모터/변속기가 아웃되어 추락한 경우가 있었다.

CHECK POINT

통상 메인 배터리는 6Cell 방식으로 총 25.2V의 전압이 표시되어야 하고 FC/수신기용 배터리는 3Cell 방식으로 12.6V가 완충전압이며 정격전압(6cell : 22.2V / 3cell : 11.1V) 이하로 전압이 나오면 비행 전 점검을 중지하고 배터리 교체 후 진행해야한다. 배터리 종류별 정격/완충전압 내용은 실기평가 중 구술평가 간에 실기평가위원의 단골 질문 사항이다.

FC 배터리
전압 체크기
조종기 배터리
메인 배터리

리튬폴리머, 니켈수소   **리튬철**

비행 전 절차 / 비행 후 점검

4 FC / 메인 배터리 체크

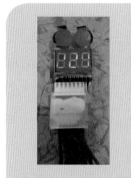

체커로 비행 전 배터리 전압을 확인하며, 비행중 설정 전압으로 내려갈 때 경고음을 울려준다.

배터리 체크

사용시에는 +극과 -극을 확인해야 한다.

+, -극 확인

스마트 체커

FC/메인 베터리 체크는 매우 중요하다. Cell Checking이라고 하는데 배터리 종류별로 정격전압 이상을 유지해야한다. 예를 들어 리튬폴리머의 경우 1개 Cell이라도 정격전압(3.7V) 이하로 되어 있다면 그 배터리는 재충전 후 사용해야 하며, 재충전 전에는 사용하면 안된다. 좌측 상단 사진은 Cell Checker기를 활용한 6셀 방식의 메인배터리 Cell Checking 모습이며, 하단 사진은 스마트 Cell Checker기를 활용한 3셀 방식의 FC 배터리 Cell Checking 모습이다.

유의사항 or 잦은 실수

배터리는 온도에 민감하다. 따라서 좌측 상단의 일반적인 리튬폴리머 형태의 알람보다는 하단의 스마트 체커 형태를 사용하여 한 눈에 Cell당 전압을 체크하는 습관을 들여야 한다. 또한 상단 우측 사진과 같이 음극(-)과 양극(+)선을 확인하여 정확히 결합하지 않으면 셀당 전압이 제대로 표시되지 않는다.

⊙ CHECK POINT

통상 메인 배터리는 6Cell 방식이니 총 25.2V의 전압이 나와야 한다. 따라서 점검 시 25V 이하의 전압이 표시되거나 좌측 상난 사신저럼 총 선입이 22.9V가 표시된다면 Cell별 전압 중 1개 Cell이 3.7V 수준이기 때문에 배터리 교체 후 진행해야한다.

5 기체 점검(프로펠러)

기체 점검(프로펠러)

기체 점검 중 프로펠러 점검 단계는 각 축별 프로펠러의 이상유무를 점검하는 단계로 쿼드의 경우 4개, 헥사의 경우 6개, 옥타콥터의 경우 8개를 점검하면 된다.

※ 12시 방향을 기준으로 1시 방향에 있는 축이 1번(CCW)이며, 반시계 방향으로 2(CW) → 3(CCW) → 4(CW) → 5(CCW) → 6(CW) → 7(CCW) → 8(CW)번 순이다.

유의사항 or 잦은 실수

프로펠러 점검 시에는 각 축별로 프로펠러 고정나사가 견고히 결합되어 있는지, 외형상 스크래치나 파손 여부는 없는지 반드시 확인하여야 한다. 이 단계를 형식적으로 하여 옥타콥터로 비행 중 고정나사가 분리되어 프로펠러가 분리된 경우도 있었으며, 진동 및 외력(바람)에 의해 손상되어있던 '우드' 프로펠러가 비행 중 절반이 "쩍"하는 소리와 함께 절단된 경우도 있다.

CHECK POINT

축별로 CCW 또는 CW 방향이 제대로 결합되어 있는지 반드시 확인하여야 한다. 만약 CW와 CCW 방향이 잘못 결합되어 있다면 양력의 불균형(프로펠러가 안으로 모아주면서 회전하여 바람을 아래로 내리게 되는데 그렇지 못함) 현상으로 한쪽 방향으로 기울어지면서 프로펠러가 지면에 부딪치게 된다. 실기평가 중 구술평가간에 실기평가위원의 단골 질문 사항이다.

※ CCW(Counter Clock wise) : 반시계 방향 /
CW(Clock wise) : 시계 방향

비행 전 절차 / 비행 후 점검

6 기체 점검(프로펠러 표시 의미)

프로펠러

〈프로펠러 수치 의미〉

멀티콥터는 전진 시 앞쪽에 있는 공기를 뒤쪽으로 밀어낸 거리만큼 전진하게 한다. 이를 가능하게 하는 것이 프로펠러이며, 프로펠리의 측정 단위는 일반적으로 인치(Inch)로 표시한다. 예를 들어 좌측 프로펠러 사진처럼 24 × 7.5에서 24인치 (60.96cm)는 프로펠러의 길이로 프로펠러가 회전할 때 그려지는 가상의 원의 지름을 의미하기도 한다. 7.5인치(19.05cm)는 피치각(비틀어진 프로펠러각)으로 프로펠러가 한 바퀴 회전하여 앞으로 이동한 거리를 말한다.

7 기체 점검(모터)

기체 점검(모터)

기체 점검 중 모터 점검 단계는 각 축별 모터의 이상유무를 점검하는 단계로 쿼드의 경우 4개, 헥사의 경우 6개, 옥타 콥터의 경우 8개를 점검하면 된다.

※ 12시 방향을 기준으로 1시 방향에 있는 축이 1번(CCW)이며, 반시계 방향으로 2(CW) → 3(CCW) → 4(CW) → 5(CCW) → 6(CW) → 7(CCW) → 8(CW)번 순이다.

🔔 유의사항 or 잦은 실수

모터 점검 시에는 각 축별로 모터가 견고히 고정되어 있는지 확인한다. 또한 각 축별 회전 방향(CCW 또는 CW 방향)으로 회전시켜보면서 청각을 최대한 활용하여 베어링이 갈리는 소리("그으윽" 등)를 반드시 확인하여야 한다. 이 단계를 형식적으로 하여 모터 내 베어링이 마모된 것을 모르고 비행한다면, 실기시험 도중에 정상적인 모터속도로 회전하지 않거나 간헐적으로 전압/전류 공급이 중단되면서 기체가 한쪽 방향으로 일시적으로 기울어졌다가 수평이 되는 경우가 있다.

📍 CHECK POINT

각 축별로 모터가 견고히 고정되어 있는지 여부, 각 축별 모터 내 베어링의 마모여부를 반드시 점검(베어링 갈리는 소리 : "그으윽" 등)해야 한다. 종종 구술평가간에 모터 스팩에 대해 질문하는 경우도 있으며, 1번 모터가 어느 것이냐고 질문하는 경우도 있는데 이때는 12시 방향을 기준으로 우측부터 1번 모터로 지칭한다고 답변(제조사 또는 FC별로 상이)하거나 '탑건' FC는 축별로 회전하는데 우선 회전하는 모터를 1번이라고 답변하면 된다.

비행 전 절차 / 비행 후 점검

8 기체 점검(모터 표시 의미)

모터 표시

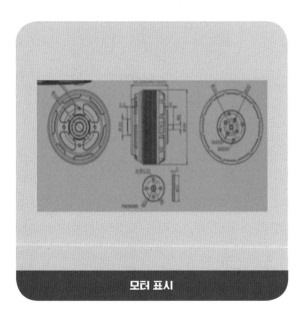

모터 표시

〈모터의 수치 의미〉

• 모터에 표시된 수치 'X6212'에서 처음 두 자리 62는 모터 몸체(고정자) 직경 즉, 몸체(고정자)의 직경이 62mm(6.2cm)라는 뜻이며, 마지막 두 자리 12는 몸체(고정자) 높이가 1.2cm이라는 것이다.

• 'KV:180' 표시는 통상적으로 1V 전압을 모터에 공급했을 때 RPM(분당회전수)이 180이라는 뜻으로 KV값이 크다고 더 좋거나 빠른 것은 아니며, 이 값은 모터의 토크에 반비례 한다.

• 모터 KV값과 전압, 프로펠러 크기는 매우 중요한 상관관계가 있다. 너무 큰 프로펠러는 멀티콥터(쿼드) 시스템에 과도한 전류가 흘러 문제가 발생할 수 있으며, 작은 프로펠러는 효율성이 떨어진다.

• 모터 제조사별로 적정 프로펠러 크기를 표시하고 있으니 적정 범위 안에서 선택해야 한다. 또한 모터 안에는 베어링이 들어 있는데 주기적으로 윤활유를 공급하여 베어링이 마모되지 않도록 관리를 해주어야 한다

9 기체 점검(암 : 팔)

기체 점검(암 : 팔)

기체 점검 중 암(팔) 점검 단계는 각 축별 암(Arm)의 이상유무를 점검하는 단계로 쿼드의 경우 4개, 헥사의 경우 6개, 옥타 콥터의 경우 8개를 점검하면 된다.

※ 12시 방향을 기준으로 1시 방향에 있는 축이 1번 암이며, 반시계 방향으로 2 → 3 → 4 → 5 → 6 → 7 → 8번 순이다.

유의사항 or 잦은 실수

암(Arm) 점검 시에는 각 축별로 메인프레임에 암(Arm)이 견고히 고정되어 있는지 확인하여야 하며, 특히, 상/하 또는 좌/우로 흔들어 유격이 발생하였는지 반드시 확인하여야 한다. 이 단계를 형식적으로 하여 유격 상태를 확인하지 못하고 실기시험을 진행한다면 모터가 회전하면서 발생하는 진동에 의해 암(Arm)의 유격 현상이 더욱 심해질 수 있기 때문이다.

CHECK POINT

각 축선별 암(Arm)이 메인프레임에 견고히 고정되어 있는지 반드시 확인하고 만일 유격이 발생하였다면 암(Arm)을 교체 후 실기시험을 진행하는 것이 좋다. 만일 비행 전 점검시에 시간적 여유나 교체할 드론이 없다면 1회성으로 책받침 등 단단한 프라스틱을 유격이 발생한 곳에 봉합하여 운용하면 응급처치는 가능하다.

비행 전 절차 / 비행 후 점검

🔟 기체 점검(메인프레임)

기체 점검(메인프레임)

기체 점검 중 메인프레임 점검 단계는 각 축별 암 (Arm)과 랜딩기어(스키드)가 이상 없이 연결되어 있는지, 상판과 하판이 이상 없이 결합되어 있는지, 수신기는 잘 고정되어 있는지 확인하여야 한다.

🔔 유의사항 or 잦은 실수

메인프레임 점검 시에는 메인프레임의 상판과 하판이 정상적으로 결합되어 있는지, 볼트(고정나사)가 풀려 상/하판의 유격 발생은 없는지 반드시 확인해야 한다. 특히, 운용하다가 외부의 충격이나 자체 진동에 의해 상판 또는 하판 프레임 중 일정 부분에 균열이 발생하여 비행 중 상판 또는 하판 절단되는 사항이 발생할 수 있기 때문에 반드시 확인하여야 한다.

📍 CHECK POINT

일반적으로 상판과 하판의 볼트(고정나사) 부분에 색칠을 하여 볼트가 풀렸을 때 확인하도록 조치하는 경우가 많으니 육안으로 식별 가능시 반드시 확인하고, 그렇지 않은 경우는 상/하판을 살며시 움직여 견고히 부착되어 있는지 확인해야 한다.

11 기체 점검(랜딩기어 / 스키드)

기체 점검(랜딩기어 / 스키드)

기체 점검 중 랜딩기어(스키드) 점검 단계는 메인 프레임에 랜딩기어(스키드)의 연결 상태를 확인하는 단계로 하판과 랜딩기어 결합 부분이 견고하게 이상 없이 결합되어 있는지 확인하여야 한다.

🖥 유의사항 or 잦은 실수

랜딩기어(스키드) 점검 시에는 메인프레임의 하판에 정상적으로 결합되어 있는지, 볼트(고정나사)가 풀리어 흔들리지 않는지 반드시 확인해야 한다. 특히, 운용하다가 외부의 충격이나 자체 진동에 의해 하판 프레임 중 일정 부분이 분리되어 떨어져나가는 경우가 있을 수 있으니 반드시 확인하여야 한다. 과거 교육실시 전 테스트 간에도 랜딩기어 고정장치가 분리된 것을 미인지 하여 이륙 후 5분정도 테스트하다가 랜딩기어가 분리되어 '덜렁거리는' 사항을 발견하여 즉시 착륙 후 견고하게 고정하고 비행을 실시한 적이 있었다.

📍 CHECK POINT

일반적으로 하판과 랜딩기어가 견고히 고정되어 있는지, 랜딩기어 자체의 휨(구부러짐)은 없는지 확인해야 한다. 랜딩기어 자체가 구부러져 있다면 착륙간에 정상적인 착륙이 되지 않고 비스듬히 기울어진 상태로 착륙될 수 있기 때문이다. 이러할 경우 착륙과 동시에 랜딩기어(스키드)가 균형을 유지하지 못해 전/후/좌/우 방향으로 기울어지면서 지면에 프로펠러가 충돌되는 사례가 발생된다.

비행 전 절차 / 비행 후 점검

12 기체 점검(GPS)

기체 점검(GPS 방향 정상)

기체 점검 중 GPS 점검 단계는 메인프레임에 GPS 안테나가 정확히 고정(GPS 마운트)되어 있는지, GPS 안테나 방향이 12시(통상적으로 12시로 고정됨)를 지시하고 있는지 확인하여야 한다.

※ 대부분 GPS는 화살표 방향이 지시하는 방향으로 기체가 기울어지면서 비행하게 된다.

유의사항 or 잦은 실수

좌측 하단 사진처럼 비행 중에 GPS 방향이 과도하게 돌아가면 기체는 헤딩 방향을 잃고 원하지 않는 방향으로 회전할 가능성이 높아지기 때문에 비행 전 12시 방향인지 확인이 필요하다.

⊙ CHECK POINT

GPS는 비행 중에 드론이 기체 위치를 수신하는데 매우 중요한 요소로서 만일 안테나가 다른 방향으로 돌아가 있다면 12시 방향으로 수정해야 하고, 마운트 부분이 흔들거린다면 볼트를 조인 다음 비행해야 한다.

※ '12시 방향'은 기체 세팅 상태나 FC별로 상이할 수도 있다.

기체 점검(GPS 방향 이상)

13 배터리 준비

배터리 준비

배터리 장착

배터리 준비 단계는 배터리 케이스를 들고 착륙장에 위치하여 메인 배터리와 FC 배터리를 좌측 사진과 같이 밸크로를 이용하여 견고히 장착하는 단계이다.

유의사항 or 잦은 실수

배터리 준비간에 커넥터 부분이 지면에 닿아 이물질이 삽입되지 않도록 하며, 배터리 장착간에는 밸크로나 케이스에 견고하게 설치하여 비행간 진동/충격에 의해 배터리가 분리되지 않도록 유의해야 한다. 실제로 오래 사용하여 밸크로의 접착력이 약해지거나 밸크로나 배터리 케이스에 견고히 장착되지 않은 상태에서 비행을 하다가 과도한 키조작(타각 多)으로 초경량비행장치가 심하게 기울어 지면서 배터리가 분리되어 '기체에 배터리가 덜렁거리는' 사례가 있었다.

CHECK POINT

좌측 하단부 사진처럼 배터리 장착시에는 밸크로를 견고히 하거나 케이스에 투입시 내부에서 흔들리지 않도록 장착해야 한다.

14 배터리 연결 / 전압 체크

전압 체크

메인 배터리는 통상 2개를 사용하며, 교육원별로 FC 배터리를 별도로 운용하거나 메인 배터리와 일체형으로 사용하기도 한다. 배터리 점검에서 설명하였듯이 최종적으로 비행 전 점검 단계에서 다시 한번 셀별 전압을 체크해야한다.

유의사항 or 잦은 실수

구형 기체는 커넥터에 의한 일체형이 아니라 음극선과 양극선이 각각 결합해야 하는 경우가 있었는데, 한번은 교육생의 실수로 배터리 연결간 검정 플러그와 적색 플러그를 결합하여 과전압에 의해 FC가 손상되어 교체한 적도 있을 만큼 배터리 연결은 매우 중요하다.

◎ CHECK POINT

메인 배터리와 FC 배터리를 견고히 결합하고 셀 체킹을 정확히 하여 정격전압 여부를 확인하여야 한다. 신형 기체는 음극선과 양극선이 좌측 하단 사진과 같이 커넥터로 묶여있어 연결이 편리하지만, 구형 기체의 비행 전 점검단계에서는 검정 → 빨강 순으로 결합하고 비행 후 점검 단계에서는 빨강 → 검정 순으로 해체한다. 또한 충전시에 항상 밸런스 잭을 검정 → 빨강 순으로 충전하여야 하다

배터리 연결

비행 전 절차 / 비행 후 점검

15 비행장 안전점검

비행장 안전점검

메인 배터리 연결 완료 후 조종기와 배터리 가방을 들고 "조종사 위치로"를 복창하면서 조종석(펜스 안쪽)으로 위치한 후 "비행장 안전점검"을 복창한다. 안전점검 순서는 사람 이상무, 장애물 이상무, 풍향/풍속 남풍 초속 2m/sec, GPS(보라색) 이상무를 순서대로 확인한 후 조종석으로 위치하면 된다.

유의사항 or 잦은 실수

"조종사 위치로" 복창과 동시에 배터리 케이스 잠금장치를 견고히 하지 않아 케이스 상단부와 하단부가 분리되는 경우가 빈번하다. 시험간 '정신줄을 놓았구나'라고 인지시킬 수 있기 때문에 유의하여야 한다. 또한 의례적으로 'GPS가 수신되었겠지' 하고 "GPS 이상무"를 복명하고 비행을 하여 GPS 미수신상태에서 시험을 치루는 경우가 있는데 이 경우 본인의 실수이므로 재시험을 볼 수 없음을 명심하여야 한다.

CHECK POINT

안전 점검 순서를 명심하여야 한다. 항상 비행장 내 · 외부에 사람이 있는지를 확인하고 기타 차량 등 비행에 방해를 줄 수 있는 장애물을 확인한 후 풍향/풍속을 체크하며 GPS 수신여부를 재차 확인하여야 한다.

비행 전 절차 / 비행 후 점검

16 체크리스트(Check List)

비행 Check List

점검일자 : 20 . . ( )

기체 번호 (호기)	S0000B (1호기) ☐	운용 시간	비행 전	비행 후	점검관	확인관
	S0000B (2호기) ☐					
	S0000B (3호기) ☐		:	:	(서 명)	(서 결)
	S0000B (4호기) ☐					

순번	구 분	점 검 내 용	점검결과 비행 전	점검결과 비행 후	비 고
1	조종기부	① 조종기 충전전압(6V 이상) 확인	정상 ☐	정상 ☐	
		② 쓰로틀 및 각 채널 스위치 위치 확인	정상 ☐	정상 ☐	
2	날개부	① 4개 프롬 고정 및 좌, 좌, 우 프롬 레벨 확인	정상 ☐	정상 ☐	
		② 프롬 및 모터의 상, 하, 좌, 우 유격 확인	정상 ☐	정상 ☐	
		③ 균열, 뒤틀림, 파손, 도색 상태 확인	정상 ☐	정상 ☐	
3	모터부	① 모터 이물질여부 및 전방바디 마찰여부 확인	정상 ☐	정상 ☐	
		② 프로펠러 1회전 간 마찰여부 확인(회전방향)	정상 ☐	정상 ☐	
		③ 모터 부하여부(탄 냄새) / 코일 변색여부 확인	정상 ☐	정상 ☐	
4	암 부	① 암 고정상태 및 파손, 크랙 상태 확인	정상 ☐	정상 ☐	
		② 메인프레임, 암, 모터 간 고정상태 확인	정상 ☐	정상 ☐	
5	변속기부	① 변속기 방열판 이물질 확인 및 고정여부	정상 ☐	정상 ☐	
		② 변속기의 부하여부(탄 냄새, 고열 등) 확인	정상 ☐	정상 ☐	
6	기체부	① 메인프레임 균열, 파손, 볼트 고정 상태 확인	정상 ☐	정상 ☐	
		② GPS 안테나 고정 및 배선상태 확인	정상 ☐	정상 ☐	
		③ LED 경고등 부착상태 확인	정상 ☐	정상 ☐	
7	랜딩기어	① 기체 장착 및 균열, 파손, 마모 상태 확인	정상 ☐	정상 ☐	
8	살포장치	① 약제 펌프 및 약제탱크 고정 상태 확인	정상 ☐	정상 ☐	
		② 살포대 고정 및 노출, 밸브 상태 확인	정상 ☐	정상 ☐	
9	배터리부	① 메인배터리 커넥터(단선, 간셀부) 확인	정상 ☐	정상 ☐	
		② 배터리 전압체크(전체 24V 이상, 각 셀별 4V 이상)	정상 ☐	정상 ☐	
		③ 메인배터리 연결 후 48V 이상	정상 ☐	정상 ☐	

비행 전 주의사항

순번	내 용	확 인	비 고
1	현재 비행 할 지역에 비행승인(지방항공청)은 받으셨습니까?	☐	
2	라이센스(면허증)는 소지하고 있습니까?	☐	
3	조종자와 부조종자의 몸상태는 괜찮습니까?	☐	
4	기상상태는 확인하셨습니까?(초속 5㎧ 비행금지)	☐	
5	안전모와 조종기 목걸이를 착용하였습니까?	☐	
6	보호안경(선글라스), 마스크 등 안전한 복장을 착용하였습니까?	☐	

※ p184 참조

체크리스트는 앞에서 점검한 사항에 대해 최종적으로 체크하는 단계로서 각 부분(조종기, 날개, 모터, 암, 변속기, 기체, 랜딩기어, 살포장치, 배터리 등)에 대한 이상유무를 확인한 후 체크하여야 한다.

🖥 유의사항 or 잦은 실수

좌측의 체크리스트가 교육원별로 상이한 양식으로 작성/비치되어 있는데 이를 체크하지 않으면 과제 미수행으로 간주되기 때문에 항상 체크리스트에 의해 점검을 해야 한다.

◉ CHECK POINT

비행 전 주의사항으로 비행승인, 자격증 소지, 신체 컨디션, 기상, 안전관리(모자/복장 등)부분에 대해서도 확인 후 체크하여야 한다.

02 기체의 시동(시동절차)

1 시동 방법

DJI 계열 제품 시동 걸기

기체별로 시동을 거는 방법이 다르니 항상 해당 교육원의 지도교관의 설명과 시범을 잘 보고 따라해야 한다. 상단 사진은 흔히 교육용 기체에 사용되고 있는 DJI 계열(A3, A2, 우공, N3 등)의 시동법으로 스로틀과 에일러론 키를 5시와 7시 방향, 즉 가운데로 모아주면 시동이 걸린다. 하단 사진은 PIXHAWK 시동법으로 스로틀 키만 5시 방향으로 접지시켜주면 시동이 걸리게 된다.

유의사항 or 잦은 실수

시동 시 가장 흔하게 벌어지는 실수는 스로틀 키를 일정 눈금만큼 올리지 않고 하단 바닥에 대고 있어서 시동이 걸리다가 모터가 정지하는 현상이 일어나는 것인데 본인도 긴장하게 되고 실제 실기평가 간에도 실격할 수 있는 부분이다.

CHECK POINT

시동을 걸 경우 오른손(엘리베이터 또는 에일러론)으로 키 조작 시 시동과 동시에 전/후/좌/우 방향으로 기체가 기울어질 수 있으니 시동 시 오른손은 중립에 위치해야 한다.

※ FC 세팅법에 따라 설정 방식이 상이하니 해당 기체에 대한 시동법을 반드시 숙지해야한다.

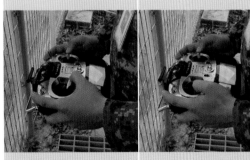

시동 걸기(5시 방향)　　시동 끄기(7시 방향)

Pixhawk 계열 제품 시동/정지

2 시동 유지

시동 유지

"시동"이란 구호와 함께 조종기의 좌/우측 키(스로틀/러더, 엘리베이터/에일러론)를 손목 하단 안쪽으로 잡아당겨 잠시동안 정지 후 시동걸리는 소리가 들리면 손을 놓는다. 앞에서 설명 하였듯이 스로틀 키를 일정 눈금만큼 올리지 않고 하단 바닥에 대고 있다면 시동이 걸리다가 모터가 정지하는 현상이 일어날 수 있다. 따라서 '아이들링' 상태를 유지하여야 한다.

비행 전 절차 / 비행 후 점검

시동 유지

유의사항 or 잦은 실수

'아이들링'이란 모터가 멈추지 않을 정도의 최저속 회전을 의미한다. 만약 시동을 건 후 아이들링을 유지하지 못하여 시동을 유지하지 못한다면 실격이 될 수 있기 때문에 시동 후 RPM(Revolution Per Minute의 약자로서 회전하면서 일을 하는 장치가 1분 동안 몇 번의 회전을 하는지 나타내는 단위)을 유지할 수 있어야 한다. 시동 간 조종기의 좌우측 키(스로틀/러더, 엘리베이터/에일러론)를 과감하게 하단 안쪽 끝까지 잡아당겨서 한번에 시동을 걸어야 하나 시동이 걸리기 전에 손을 키에서 놓아 프로펠러(무인기의 날개)가 돌아가다가 멈추는 경우가 종종발생하며 이럴 경우 시동이 멈추게 되어 실격 처리 될 수도 있다. 최초 손목 안쪽으로 과감하게 당겼다가 놓아주는 키조작 및 감각의 숙달이 필요하다.

CHECK POINT

어떠한 제품이든 시동 후에 일정부분 스로틀 키를 살짝 위로 올려서 RPM(시동상태)을 유지할 수 있어야하며, 통상 5~10초간 시동 유지(아이들링)를 할 수 있어야 한다. 시동을 꺼뜨린다면 시작도 못해보고 실격처리 될 수 있으니 명심해야한다. 최초 비행을 준비하는 단계로서 양발을 어깨넓이로 벌리고 양손을 조종기 위에 자연스럽고 편안하게 위치하여 가장 안정적인 조종자세를 취한다. 비행준비가 완료되면 본인 스스로 "시동"이란 구호를 외치면서 스로틀과 엘리베이터+에일러론 키를 과감하게 손목 안쪽으로 당긴 후 시동이 걸리는 소리(모터가 회전하는 소리)가 들릴 때까지 그 상태를 유지하여야 한다. 손을 놓은 후 이륙 시에는 왼손으로 스로틀 키를 서서히 밀어올려 설정된 고도까지 기체를 상승시킨다.

03 비행 후 점검 : 비행 전 점검의 역순

1 메인 배터리 분리

메인 배터리 분리

메인 배터리 2개 중 주전원 커넥터를 분리 후 나머지 1개의 커넥터를 분리하며, 비행 후에는 항상 메인 배터리를 제거한 후 조종기 스위치를 OFF 해야 한다.

⚠ 유의사항 or 잦은 실수

조종기에서 기체로 보내지는 신호에 Delay Time이 적용될 수 있기 때문에 메인 배터리 분리 후 조종기 Off를 실시해야 한다. 예를 들어 조종기를 먼저 Off 하는 과정에서 전진이나 후진키가 입력된다면 차후 배터리 연결 시에 이전의 키 입력값이 송신되어 메인 배터리 연결과 동시에 기체가 임의동작(전진 또는 후진 모터 RPM 급상승)을 할 수도 있기 때문이다.

◎ CHECK POINT

메인 배터리 분리 후 조종기를 Off 하는 순서를 준용해야한다. 특히 구형 기체의 경우 빨강 → 검정 순으로 제거하고 비행 후 충전 시에는 항상 밸런스 잭 → 검정 → 빨강 순으로 연결한다.

2 조종기

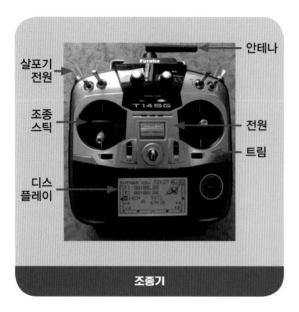

살포기
전원

안테나

조종
스틱

전원

트림

디스
플레이

조종기

메인 배터리 제거 후에는 반드시 조종기를 OFF 시켜야 한다.

유의사항 or 잦은 실수

비행 전 점검에서 조종기를 ON한 후에 기체점검 → 메인 배터리를 연결한 과정의 역순으로 메인 배터리를 분리한 후 조종기를 OFF 하는 것을 잊으면 안된다. 이유는 앞절에서도 설명하였듯이 조종기에서 기체로 보내지는 신호에 Delay Time이 적용될 수 있기 때문이다. 예를 들어 조종기를 OFF 하지 않고 비행 후 점검을 하는 과정에서 전진이나 후진 키가 입력된다면 다음 비행 배터리 연결 시에 이전의 키 입력값이 송신되어 메인배터리 연결과 동시에 기체가 임의 동작(전진 또는 후진 모터 RPM 급상승)을 할 수도 있기 때문이다.

CHECK POINT

메인 배터리 제거 전에 조종기를 OFF 시키는지 아니면 메인 배터리 제거 후 조종기를 OFF 시키는지 확인하는 단계로서 반드시 메인 배터리 제거 후에 조종기를 OFF 하는 것이 핵심이다.

3 기체 점검(프로펠러)

기체 점검(프로펠러)

기체 점검 중 비행 후에 프로펠러 점검 단계는 각 축별 프로펠러의 이상유무(스크래치 등)를 점검하는 단계로 쿼드의 경우 4개, 헥사의 경우 6개, 옥타콥터의 경우 8개를 점검하면 된다.

※ 12시 방향을 기준으로 1시 방향에 있는 축이 1번(CCW)이며, 반시계 방향으로 2(CW) → 3(CCW) → 4(CW) → 5(CCW) → 6(CW) → 7(CCW) → 8(CW)번 순이다.

유의사항 or 잦은 실수

이 단계를 형식적으로 하여 차기 비행 중 고정나사가 분리되어 프로펠러가 분리된 경우도 있었으며, 진동 및 외력(바람)에 의해 손상되어있던 우드 프로펠러가 비행 중 절반이 "쩍"하는 소리와 함께 절단된 경우도 있다.

◉ CHECK POINT

비행 후 프로펠러 점검 시 각 축별로 프로펠러 고정나사의 풀림 여부와 외형상 스크래치나 파손 여부를 반드시 확인하여야 한다. 특히, 일교차가 심한 초겨울에 프로펠러에 착빙현상이 종종 발생하는데, 이러한 착빙은 반드시 제거해야 한다.

4 기체 점검(모터)

기체 점검(모터)

기체 점검 중 비행 후에 모터 점검 단계는 각 축별 모터의 이상유무를 점검하는 단계로 쿼드의 경우 4개, 헥사의 경우 6개, 옥타 콥터의 경우 8개를 점검하면 된다.

※ 12시 방향을 기준으로 1시 방향에 있는 축이 1번(CCW)이며, 반시계 방향으로 2(CW) → 3(CCW) → 4(CW) → 5(CCW) → 6(CW) → 7(CCW) → 8(CW)번 순이다.

유의사항 or 잦은 실수

비행 후 모터 점검 시에는 각 축별로 모터축이 풀리지 않고 견고히 고정되어 있는지 확인한다. 또한 각 축별 회전 방향(CCW 또는 CW 방향)으로 회전시켜보면서 청각을 최대한 활용하여 베어링이 갈리는 소리("그으윽" 등)를 반드시 확인하여야 한다. 이 단계를 형식적으로 하여 모터 내 베어링이 마모된 것을 모르고 비행하여 차기 실기시험 도중에 정상적인 모터 속도로 회전하지 않아 일시적으로 전압/전류 공급이 중단되면서 기체가 한쪽 방향으로 일시적으로 기울어졌다가 수평이 되는 경우가 있다.

CHECK POINT

각 축별로 모터가 견고히 고정되어 있는지 여부, 각 축별 모터 내 베어링의 마모여부를 반드시 점검(베어링 갈리는 소리 : "그으윽" 등)해야 한다.

5 기체 점검(암 : 팔)

기체 점검(암 : 팔)

비행 후 점검 중 암(팔) 점검 단계는 각 축별 암 (Arm)의 이상유무를 점검하는 단계로 쿼드의 경우 4개, 헥사의 경우 6개, 옥타 콥터의 경우 8개를 점검하면 된다.

※ 12시 방향을 기준으로 1시 방향에 있는 축이 1 번 암이며, 반시계 방향으로 2 → 3 → 4 → 5 → 6 → 7 → 8번 순이다.

유의사항 or 잦은 실수

비행 후 암(Arm) 점검 시에는 각 축별로 메인프레 임에 진동에 의해 암(Arm)의 유격이 발생하지 않 고 견고히 고정되어 있는지 확인하여야 하며, 특 히, 상/하 또는 좌/우로 흔들어 유격이 발생하였는 지 반드시 확인하여야 한다. 이 단계를 형식적으 로 하여 유격 상태를 확인하지 못하고 차기 실기 시험을 진행한다면 모터가 회전하면서 발생하는 진동에 의해 암(Arm)의 유격 현상이 더욱 심해질 수 있기 때문이다.

CHECK POINT

각 축선별 암(Arm)이 메인프레임에 견고히 고정되 어 있는지 확인하는 단계로서, 만일 유격 등 이상 발견시에는 반드시 다음 비행 전에 교체 또는 수 리 후 비행을 해야 한다.

비행 전 절차 / 비행 후 점검

6 기체 점검(메인프레임)

기체 점검(메인프레임)

기체 점검 중 비행 후에 메인프레임 점검 단계는 각 축별 암(Arm)과 랜딩기어(스키드)가 이상 없이 연결되어 있는지, 상판과 하판이 이상 없이 결합되어 있는지, 수신기는 잘 고정되어 있는지 확인하여야 한다.

유의사항 or 잦은 실수

메인프레임 점검 시에는 메인프레임의 상판과 하판이 정상적으로 결합되어 있는지, 볼트(고정나사)가 풀려 상/하판의 유격 발생은 없는지 반드시 확인해야 한다. 특히, 재 비행 시 자체 진동에 의해 상판 또는 하판 프레임 중 일정 부분에 균열이 발생하여 비행 중 상판 또는 하판이 절단되는 사항이 발생할 수 있기 때문에 반드시 확인하여야 한다.

CHECK POINT

일반적으로 상판과 하판의 볼트(고정나사) 부분에 색칠을 하여 볼트가 풀렸을 때 확인하도록 조치하는 경우가 많으니 육안으로 식별 가능시 반드시 확인하고, 그렇지 않은 경우는 상/하판을 살며시 움직여 견고히 부착되어 있는지 확인해야 한다.

비행 전 절차 / 비행 후 점검

7 기체 점검(랜딩기어 / 스키드)

기체 점검(랜딩기어 / 스키드)

기체 점검 중 비행 후에 랜딩기어(스키드) 점검 단계는 메인프레임에 랜딩기어(스키드)의 연결 상태를 확인하는 단계로 하판과 랜딩기어 결합 부분이 견고하게 이상 없이 결합되어 있는지 확인하여야 한다.

🔔 유의사항 or 잦은 실수

랜딩기어(스키드) 점검 시에는 메인프레임의 하판에 정상적으로 결합되어 있는지, 볼트(고정나사)가 풀리어 흔들리지 않는지 반드시 확인해야 한다. 만일, 이 과정을 생략한다면 차기 비행 시 외부의 충격이나 자체 진동에 의해 하판 프레임 중 일정 부분이 분리되어 떨어져나가는 경우가 있을 수 있으니 반드시 확인하여야 한다. 과거 교육실시 전 테스트 간에도 랜딩기어 고정장치가 분리된 것을 미인지 하여 이륙 후 5분정도 테스트하다가 랜딩기어가 분리되어 '덜렁거리는' 사항을 발견하여 즉시 착륙 후 견고하게 고정하고 비행을 실시한 적이 있었다.

📍 CHECK POINT

일반적으로 하판과 랜딩기어가 견고히 고정되어 있는지, 랜딩기어 자체의 휨(구부러짐)은 없는지 확인해야 한다. 랜딩기어 자체가 구부러져 있다면 착륙간에 정상적인 착륙이 되지 않고 비스듬히 기울어진 상태로 착륙될 수 있기 때문이다. 이러할 경우 착륙과 동시에 랜딩기어(스키드)가 균형을 유지하지 못해 전/후/좌/우 방향으로 기울어지면서 지면에 프로펠러가 충돌되는 사례가 발생된다.

8 기체 점검(GPS)

기체 점검(GPS 방향 정상)

기체 점검 중 비행 후에 GPS 점검 단계는 메인프레임에 GPS 안테나가 정확히 고정(GPS 마운트)되어 있는지, GPS 안테나 방향이 12시(통상적으로 12시로 고정)를 지시하지 않고 타 방향으로 돌아가 있는지 확인하여야 한다.

※ 대부분 GPS의 화살표 방향이 지시하는 방향으로 기체가 기울어지면서 비행하게 된다.

유의사항 or 잦은 실수

좌측 하단 사진처럼 비행 중에 GPS 방향이 과도하게 돌아가면 기체는 헤딩 방향을 잃고 원하지 않는 방향으로 회전할 가능성이 높아지기 때문에 비행 후 점검 시 12시 방향으로 회전해 놓아야 한다.

◎ CHECK POINT

GPS는 비행 중에 드론이 기체 위치를 수신하는데 매우 중요한 요소로서 만일 안테나가 다른 방향으로 돌아가 있다면 비행 후 점검 시 반드시 12시 방향으로 수정해야 하고, 마운트 부분이 흔들거린다면 볼트를 조인 다음 비행해야 한다.

※ '12시 방향'은 기체 세팅 상태나 FC별로 상이할 수도 있다.

기체 점검(GPS 방향 이상)

9 체크리스트(Check List)

비행 Check List

점검일자 : 20 . . ( )

기체 번호 (호기)		비행 전	비행 후	점검관	확인관
S0000B (1호기) ☐	운용 시간	:	:	(서 명)	(서 명)
S0000B (2호기) ☐					
S0000B (3호기) ☐					
S0000B (4호기) ☐					

순번	구 분	점 검 내 용	점검결과 비행 전	점검결과 비행 후	비 고
1	조종기부	① 조종기 충전전압(6V 이상) 확인	정상 ☐	정상 ☐	
		② 쓰로틀 및 각 채널 스위치 위치 확인	정상 ☐	정상 ☐	
2	날개부	① 4개 프롭 고정 및 좌, 우 프롭 레벨 확인	정상 ☐	정상 ☐	
		② 프롭 및 모터의 상, 하, 좌, 우 유격 확인	정상 ☐	정상 ☐	
		③ 균열, 뒤틀림, 파손, 도색 상태 확인	정상 ☐	정상 ☐	
3	모터부	① 모터 이물질여부 및 전방바디 마찰여부 확인	정상 ☐	정상 ☐	
		② 프로펠러 1회전 간 마찰여부 확인(회전방향)	정상 ☐	정상 ☐	
		③ 모터 부하여부(탄 냄새) / 코일 변색여부 확인	정상 ☐	정상 ☐	
4	암 부	① 암 고정상태 및 파손, 크랙 상태 확인	정상 ☐	정상 ☐	
		② 메인프레임, 암, 모터 간 고정상태 확인	정상 ☐	정상 ☐	
5	변속기부	① 변속기 방열판 이물질 확인 및 고정여부	정상 ☐	정상 ☐	
		② 변속기의 부하여부(탄 냄새, 고열 등) 확인	정상 ☐	정상 ☐	
6	기체부	① 메인프레임 균열, 파손, 볼트 상태 확인	정상 ☐	정상 ☐	
		② GPS 안테나 고정 및 배선상태 확인	정상 ☐	정상 ☐	
		③ LED 경고등 부착상태 확인	정상 ☐	정상 ☐	
7	랜딩기어	① 기체 장착 및 균열, 파손, 마모 상태 확인	정상 ☐	정상 ☐	
8	살포장치	① 약제 펌프 및 약제탱크 고정 상태 확인	정상 ☐	정상 ☐	
		② 살포대 고정 및 노즐, 벨브 상태 확인	정상 ☐	정상 ☐	
9	배터리부	① 메인배터리 커넥터(단선, 간섭부) 확인	정상 ☐	정상 ☐	
		② 배터리 전압체크(전체 24V 이상, 각 셀별 4V 이상)	정상 ☐	정상 ☐	
		③ 메인배터리 연결 후 48V 이상	정상 ☐	정상 ☐	

비행 전 주의사항

순번	내 용	확 인	비 고
1	현재 비행 할 지역에 비행승인(지방항공청)은 받으셨습니까?	☐	
2	라이센스(면허증)는 소지하고 있습니까?	☐	
3	조종자와 부조종자의 몸상태는 괜찮습니까?	☐	
4	기상상태는 확인하셨습니까?(초속 5㎧ 비행금지)	☐	
5	안전모와 조종기 목걸이를 착용하셨습니까?	☐	
6	보호안경(선글라스), 마스크 등 안전한 복장을 착용하였습니까?	☐	

※ p184 참조

체크리스트는 비행 전 점검한 사항에 대해 비행 후에도 최종적으로 체크하는 단계로서 각 부분(조종기, 날개, 모터, 암, 변속기, 기체, 랜딩기어, 살포장치, 배터리 등)에 대한 이상유무를 확인한 후 체크하여야 한다.

유의사항 or 잦은 실수

좌측의 체크리스트가 교육원별로 상이한 양식으로 작성/비치되어 있는데 이를 체크하지 않으면 과제 미수행으로 간주되기에 항상 체크리스트에 의해 점검을 해야 한다.

CHECK POINT

비행 전 주의사항으로 비행승인, 자격증 소지, 신체 컨디션, 기상, 안전관리(모자/복장 등)부분에 대해서도 확인 후 체크하여야 한다.

비행 전 절차 / 비행 후 점검

🔟 비행기록부(공단 제출용)

경력증명서(교통안전공단 제출용 비행기록부)

※ p188 참조

비행기록부 작성은 모든 비행을 마친 후 비행결과를 기록하는 단계로서 개인기록부와 기체기록부를 작성하여야 한다. 쉽게 말해서 내가 어떠한 기체를 갖고 어디에서 언제부터 언제까지 누구의 지도 아래 어떠한 비행을 하였는지 Log를 기록하는 것이다.

좌측 사진과 같이 교통안전공단 제출용 경력증명서는 1일 단위로 작성을 하면 된다. 비행 목적은 기본 비행간 1일 기준으로 주로 많이 실습한 비행코스(공중 정지 호버링, 직진/후진 수평비행, 삼각비행, 원주비행, 비상착륙, 정상접근/착륙, 측풍접근/착륙 등)를 일자별로 기록하고 숙달이 된 후에는 전체 실기시험 8개 코스 비행 시에는 종합비행으로 비행 내용을 기록하면 된다. 가장 우측에는 해당 지도(교관) 조종자의 자격번호를 기입 후에 서명을 받으면 된다.

💡 유의사항 or 잦은 실수

일자란에는 비행한 날짜를, 착륙횟수는 착륙장이든 비상착륙장이든 하루에 총 착륙한 횟수를, 종류/형식/신고번호/인증검사일/자체 및 최대이륙중량에는 본인이 비행한 무인멀티콥터의 명칭과 지방항공청에 등록된 기체번호/인증검사일/중량을 작성하면 되며, 비행장소는 비행지역을, 비행시간은 실제 비행한 시간을 시간당으로 계산하여 0.3(18분 비행시) 또는 0.4와 같이 기입한다. 좌측 일자별 비행시간에는 총 비행횟수를 합산한 결과를 기록한다(5회 비행시×0.4=2.0).

📍 CHECK POINT

법적으로 비행시간 20시간 중 8시간은 훈련(교관 입회하 비행), 12시간은 단독비행이 가능하므로 비행기록을 "훈련"과 "기장"란에 구분해서 기록하면 된다.

비행 전 절차 / 비행 후 점검

⑪ 비행기록부(개인용)

비행기록부(개인용)

※ p186 참조

개인용 비행기록부에는 비행한 결과를 20회 이상 작성하면 된다. 비행목적은 통상적으로 전체 비행시간이 3주일 경우 1주차에는 기본비행으로 코스별로 비행한 내용(공중 정지 호버링, 직진/후진 수평비행, 삼각비행, 원주비행, 비상착륙, 정상접근/착륙, 측풍접근/착륙 등)을 기록하고 2~3주차에는 실무비행 단계로 종합비행 또는 주로 비행한 코스 비행 내용을 기입하면 된다. 가장 우측에는 해당 지도(교관)조종자의 자격번호를 기입 후에 서명을 받으면 된다.

▶ 유의사항 or 잦은 실수

일자란에는 비행한 날짜를, 착륙횟수는 착륙장이든 비상착륙장이든 매 비행시에 총 착륙한 횟수를, 종류/형식/신고번호/인증검사일/자체 및 최대이륙중량에는 본인이 비행한 무인멀티콥터의 명칭과 지방항공청에 등록된 기체번호/인증검사일/중량을 작성하면 되며, 비행장소는 비행지역을, 비행시간은 실제 비행한 시간을 시간당으로 계산하여 0.3 또는 0.4(24분 비행시)와 같이 기입한다. 좌측 일자별 비행시간에는 매 비행횟수를 합산한 결과를 기록한다(1회 비행시×0.3=0.3).

⌖ CHECK POINT

법적으로 시험 응시를 위해서는 20시간 이상의 경력이 필요하며, 예를 들어 1회 24분 비행시 0.4시간이 되며 1일 5회 비행을 실시했다면 0.4×5=2.0이 되기 때문에 총 10일 이상의 비행시간 증명이 필요한 사항이다.

12 기체기록부(초경량비행장치 별)

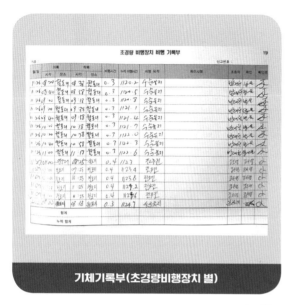

기체기록부(초경량비행장치 별)

※ p187 참조

기체기록부 작성은 모든 비행을 마친 후 기체에 개인별 비행결과를 기록하는 단계로서 쉽게 말해서 누가 어느 기체를 사용해서 언제부터 언제까지 비행을 하였는지 Log를 기록하는 것이다.

좌측 사진과 같이 기체기록부에는 각 개인이 비행한 결과를 지속적으로 작성하면 된다. 특이사항란에는 비행 중 발생한 비정상적인 상황이 있었다면 기록하면 된다(모터, 변속기 과부하 등). 개인별 비행시간을 기록하고 누적 비행시간에는 기존 비행기록 이후에 개인 비행기록을 계속 누적해서 기록하면 된다.

🔔 유의사항 or 잦은 실수

개인별 비행시간이 다를 수 있는데 실제 본인이 비행한 시간은 20분이면 18분 기준으로 0.3으로 누적 기입해야하나 기존 기록부에 0.4로 기입되어 있는 것을 그대로 기입하는 경우가 있는데, 본인이 비행한 시간을 정확히 각각 기입하고 누적해서 기입해야 한다.

📍 CHECK POINT

기체기록부는 해당 기체에 대한 부품별(FC, 모터, 변속기, 배터리 등) 교체시간을 파악하기 위한 하나의 수단이다. 각 부품별 예방주기 시일에 교체를 실시하여 사전에 사고를 미연에 방지하고자 하는 것이 기체기록부를 작성하는 이유임을 명심하고 비행 후 매번 정확하게 기록하는 습관을 갖도록 해야한다.

PART

03

실기 비행

이륙 비행

▌평가기준

- 원활하게 이륙 후 수직으로 지정된 고도까지 상승할 것
- 현재 풍향에 따른 자세수정으로 수직으로 상승이 되도록 할 것
- 이륙을 위하여 유연하게 출력을 증가
- 이륙과 상승을 하는 동안 측풍 수정과 방향 유지

---

1 기준고도

기준고도(3~5m)

기준고도는 통상 3~5m 이내에서 설정하면 되지만 3차원 입체 공간에서 공중조작이 이루어지기 때문에 최대한 낮은 고도인 2.5~3m로 설정하여 유지하도록 한다.

💥 유의사항 or 잦은 실수

기준고도 설정 시 교육원별 지정고도를 준용한다. 좌측 사진의 경우 나무숲이 3m로 기준고도 설정 시 우측 나무에 무게중심(방재 스프레이)이 일치되도록 선정하면 맞다. 최초 기준고도를 4m 또는 5m로 설정하면 미션 완료 시까지 그 기준고도를 유지하여야 한다. 기준고도에서 상하로 ±50cm 이탈 시 불합격이 되므로 유의해야하며, 그 기준은 기체 높이가 통상 50cm내외이므로 기체 1대를 기준으로 설정하면 된다.

◎ CHECK POINT

기준고도를 제대로 설정했는지 점검하는 단계로서 기준고도를 설정하고 호버링을 3~5초간 유지할 수 있어야 한다. 즉 3~5초 이내에 기체가 허용범위를 벗어나서 움직일 시 불합격 처리된다.

03
실기 비행

2 이륙/호버링

〈구호 / 행동〉

"이륙"이란 구호와 함께 스로틀을 유연하게 위로 조작하여 기체를 기준 고도까지 상승시킨 후 정지한다.

이륙/호버링

호버링은 단어 뜻 그대로 '제자리 비행'으로 전/후/좌/우로 움직이지 않는 것이다. 착륙장에서 이륙 후에 기준고도 3m로 수직상승을 실시하며, 착륙장 패드를 기준으로 기체가 전/후/좌/우 이탈하면 안된다. 비행 전 점검간 이륙과 동시에 좌/우측 프로펠러가 착륙장 패드 안에 있어야 합격이다.

유의사항 or 잦은 실수

이륙/호버링 단계는 수직상승비행으로 기준고도까지 정확히 상승시킬 수 있는 능력을 체크하는 단계이다. 스로틀만 사용하여 수직상승시키면 되는데 가끔 엘리베이터/에일러론/러더키를 동시에 작동시켜 기체가 이탈하여 불합격이 되는 경우가 있다.

CHECK POINT

착륙장에서 이륙 후에 기준고도 3m로 유연하게 출력을 증가시켜 수직상승을 실시하며 착륙장 패드를 기준으로 기체가 전/후/좌/우로 이탈하지 않도록 세밀한 조종간 움직임을 보여주어야한다. 특히 서풍(북쪽을 바라보고 이륙 시)이 분다면 바람 속도를 고려하여 측풍 수정을 실시하면서 이륙해야하며, 그렇지 않아 동측으로 1m 이상 이탈 시 불합격 처리된다.

③ 엘리베이터(전/후) 점검

〈구호 / 행동〉
"이륙 후(비행 전) 점검"이란 구호와 함께 "전"을 외치면서 엘리베이터 키를 12시 방향으로 1회 조작하여 기체를 살짝 앞으로 기울이고, "후"를 외치면서 6시 방향으로 1회 조작하여 기체를 살짝 뒤로 기울인 후 기체를 원위치한다.

① 엘리베이터 점검(전)

② 엘리베이터 점검(후)

엘리베이터 키를 12시 방향으로 1회(기체각도는 10~20도 이내) 조작 후 다시 키를 6시 방향으로 1회(기체각도는 10~20도 이내) 조작하면 된다.

유의사항 or 잦은 실수

최소한의 키를 작동하여 기체 전/후축별로 이상없이 작동 유무를 점검하는 단계로 과도하게 키를 조작(기체각도 20~30도 내외)하여 기체가 위협적인 각도로 움직이지 않도록 해야하며, 특히 "전"이라고 조작구호를 외치면서 엘리베이터를 6시 방향으로 조작하여 기체가 뒤로 기울어지는 등의 '키' 실수를 하지 말아야 한다. 또한, 긴장을 하여 전/후 단계를 생략하고 바로 좌(우) 점검으로 진행하는 경우가 종종 발생하는데, '지정 미션 미수행 항목 평가'에 해당된다.

CHECK POINT

엘리베이터가 제대로 작동하는지 점검(기체각도 10~20도 내외)할 수 있어야 하며, 특히 '키' 실수를 하지 않도록 조작구호와 기체의 동작이 일치되어야 한다. 특히, 평가 중에 '주의 산만평가' 항목이 있는데, 실기평가위원이 산만한 환경을 조성하더라도 정확한 '키'조작을 실시해야한다.

4 에일러론(좌/우) 점검

〈구호 / 행동〉

"이륙 후(비행 전) 점검"이란 구호와 함께 "좌"를 외치면서 에일러론 키를 좌측 9시 방향으로 1회 조작하여 기체를 살짝 기울이고, "우"를 외치면서 우측 3시 방향으로 1회 조작하여 기체를 반대로 기울인 후에 기체를 원위치 한다.

10~20°

① 에일러론 점검(좌)

에일러론 키를 9시 방향으로 1회(기체각도는 10~20도 이내) 조작 후 다시 키를 3시 방향으로 1회(기체각도는 10~20도 이내) 조작하면 된다.

유의사항 or 잦은 실수

최소한의 키를 작동하여 기체 좌/우축별로 이상없이 작동 유무를 점검하는 단계인데, 과도하게 키를 조작(기체각도 20~30도 내외)하여 기체가 위협적인 각도로 움직이지 않도록 해야하며, 특히 이륙 후(비행 전) 점검 "좌"라고 조작 구호를 외치면서 에일러론 키를 3시 방향으로 조작하여 기체가 우로 기울어지는 등의 키 실수를 하지 말아야 한다.

CHECK POINT

에일러론(좌/우)이 제대로 작동하는 지 점검(기체각도 10~20도 내외)할 수 있어야 하며, 특히 키 실수를 하지 않도록 조작구호와 기체의 동작이 일치되어야 한다. 또한, 긴장을 하여 에일러론 점검(좌/우) 단계를 생략하고 바로 좌(우)측면으로 진행하여 '지정 미션 미수행 항목 평가'에서 실격 처리 될 수 있다.

10~20°

② 에일러론 점검(우)

5 러더(좌/우측면) 점검

〈구호 / 행동〉

"좌측면 점검"을 외치면서 러더 키를 좌측 9시 방향으로 1회 조작하여 기수를 살짝 좌로 틀어주고, "우측면 점검"을 외치면서 우측 3시 방향으로 1회 조작하여 기수를 살짝 우로 틀어준 후에 러더 키를 조작하여 기체를 원위치 한다.

① 러더 점검(좌측면)

기준 고도를 설정한 후 러더(좌/우측면)가 이상없이 작동하는지 최소한의 키를 사용하여 점검한다. 즉, 러더 키를 9시 방향으로 1회(기체각도는 10~20도 이내) 조작 후 다시 키를 3시 방향으로 1회(기체각도는 10~20도 이내) 조작하면 된다.

유의사항 or 잦은 실수

최소한의 키를 작동하여 기체 좌측면/우측면 회전축별로 이상없이 작동 유무를 점검하는 단계인데, 과도하게 키를 조작(기체각도 20~30도 내외)하여 기체가 위협적인 각도와 빠른 속도로 움직이지 않도록 해야하며, 특히 비행 전 점검 "좌측면"이라고 조작 구호를 외치면서 러더 키를 3시 방향으로 조작하여 기체가 우측으로 회전하는 등의 키 실수를 하지 말아야 한다.

CHECK POINT

러더(좌/우측면)가 제대로 작동하는 지 점검(기체각도 10~20도 내외)할 수 있어야 하며, 특히 키 실수를 하지 않도록 조작구호와 기체의 동작이 일치되어야 한다. 또한, 러더 키를 너무 세게(급하게) 조작하여 기체가 빠르게 회전하지(팽이처럼 튀는) 않도록 주의해야한다.

② 러더 점검(우측면)

6 이상무(공중 정지비행 / 호버링)

〈구호 / 행동〉

기체가 모든 키 조작대로 움직였는지 점검한 후에 "이상 무" 구호를 외치며, 기체는 호버링 상태를 유지하고 있어야 한다.

정지

모든 점검이 끝난 후 "이상 무" 구호를 외치고, 호버링이 되어 있는 상태에서 "정지" 구호를 외친 후 3~5초 정도 대기한다. 이 대기 과정은 기체 점검(전/후/좌/우, 좌/우측면) 조작 시 각각 달라진 모터의 RPM이 다시 평균으로 조정되는 단계이다.

유의사항 or 잦은 실수

"이상 무" 구호 복명 후에 "정지" 구호를 생략하고 공중정지비행(호버링) 단계로 비행하여 '호버링' 위치에 정지하는 경우가 종종 발생하는데, 이럴 경우 각 모터의 RPM이 일정하지 않은 상태에서 조작하게 되어 조종자의 조작과는 다른 기체 이동 및 흐름이 발생할 수 있다.

※ '우'러더 조작 시 미세하게 상승한 모터(1, 3번)의 RPM이 안정화 되기 전에 움직여 이상 상태를 만들면 안된다.

CHECK POINT

전/후/좌/우, 좌/우러더 점검 조작간 고도(±50cm) 또는 위치이탈(전방위 1m)이 발생했을 때는 이탈한 만큼 수정 후에 정지 구호/동작을 실시해야한다. "정지" 구호는 말 그대로 조종자가 드론을 고정 상태로 지켜야 하는 준수사항이며, 미준수 시 '규칙의 준수성'에 불합격 할 수 있으니 주의해야한다.

02 공중 정지비행(호버링)

┃ 평가기준

• 고도와 위치 및 기수방향을 유지하며 정지비행을 유지할 수 있을 것
• 고도와 위치 및 기수방향을 유지하며 좌측면/우측면 정지비행을 유지할 수 있을 것

1 정지 호버링

〈구호 / 행동〉

"호버링 위치로"라는 조작구호 복명과 함께 착륙장 위치에서 7.5m 전방에 위치한 '호버링 라바콘'으로 경로/고도 이탈 없이 비행하여 정확히 호버링 라바콘 상공에서 '정지' 상태를 유지해야 한다.

① 정지 호버링

"정지 호버링 실시"라는 실기평가관의 지시에 따라 수험생은 "호버링 위치로"라는 조작구호 복명과 함께 착륙장 위치에서 7.5m 전방에 위치한 호버링 라바콘으로 이동 후 라바콘 3m 상공에서 "정지" 구호와 함께 기체는 호버링 상태를 유지해야 한다 (3~5초 대기). ①번 사진은 라바콘 수술 모양이 전방으로 휘날리기 때문에 드론이 뒤에 있는 형상으로, 합격 기준 '허용 범위' 내에 근사치이다. 이때 정지하지 말고, 엘리베이터 키를 12시 방향으로 유연하게 조작하여 정중앙에 위치하도록 해야 한다. ②번 사진처럼 수술모양이 직하방으로 내려갈 때가 정확한 정지위치이다.

수술
전방위

② 정지 호버링

🔔 유의사항 or 잦은 실수

"호버링 위치로"와 함께 전진 시 6m까지는 신속히 전진하고 나머지 1.5m는 천천히 이동하여 기체의 무게중심점(방재스프레이)이 라바콘 정중앙 위에 위치하도록 한다. 통상적으로 라바콘 수술이 움직인다고 바로 정지하면 관성의 법칙 때문에 기체가 전/후/좌/우로 조금씩 이탈한 상태로 정지하게 된다. 특히 기체를 바라보고 호버링 라바콘 앞/뒤 원근감에 주의하며 라바콘보다 전진 혹은 후진 상태인지 확인 후 "정지"라는 구호 전에 라바콘의 수술 모양과 지면에 그림자 등 전체적인 전경을 보고 조종간을 살며시 놓아야 하며, 기체 유동이 없을 때 "정지" 해야한다.

📍 CHECK POINT

정지 호버링 단계부터 고도이탈(기체를 중심으로 상/하 ±50cm), 위치이탈(전/후/좌/우 1m), 경로 이탈(좌/우 1m) 여부를 체크하기 때문에 불합격이 안되려면 조종간을 미세하게 움직여야하며 운동·정지관성이 있음을 명심하여 조종간을 사전에 원위치하여야 한다

2 정지 호버링 좌측 이탈

<구호 / 행동>

"정지"라는 조작구호 복명과 함께 '호버링 라바콘'의 수직 가상선 상에 기체의 무게 중심이 위치한 상태로 3~5초간 이동이 없어야 한다.

① 정지 호버링(준합격)

② 정지 호버링(불합격)

①번 사진과 같이 좌측으로 살짝 이탈하여 우측 프로펠러가 '호버링 라바콘' 위에 걸려 있으면 허용범위 내에 있는 것으로 간주, ②번 사진과 같이 우측 프로펠러가 완전하게 라바콘 좌측 밖으로 위치 시에는 불합격이다.

유의사항 or 잦은 실수

라바콘 수술이 움직인다고 바로 정지하면 관성의 법칙에 의해 기체가 ①번 사진처럼 좌로 조금씩 벗어난 상태로 있게 된다. 따라서 "정지"라는 구호 전에 라바콘의 수술모양과 지면에 그림자(기체/라바콘) 등 전체적인 전경을 보고 조종간을 살며시 조작해야 기체 유동 없이 "정지"가 가능하다. 모터의 중심(몸통, 고정자)을 라바콘과 수직 가상선 상에 놓도록 연습/실기시험을 진행해야 최소한 불합격을 면할 수 있다.

⊙ CHECK POINT

정지 호버링 단계에서는 고도이탈(기체를 중심으로 상/하 ±50cm), 위치이탈(전/후/좌/우 1m), 경로이탈(좌/우 1m)이 중점 체크 포인트로 불합격이 안되려면 조종간을 미세하게 움직여야 하고 운동·정지관성이 있음을 명심하여 조종간을 사전에 원위치하여야 한다. '호버링 라바콘'의 수직 가상선 상에 기체의 무게 중심을 정확히 위치시키는 것이 관건이다.

3 정지 호버링 우측 이탈

〈구호 / 행동〉

"정지"라는 조작구호 복명과 함께 '호버링 라바콘'의 수직 가상선 상에 기체의 무게 중심이 위치한 상태로 3~5초 간 이동이 없어야 한다.

① 정지 호버링(준합격)

② 정지 호버링(불합격)

①번 사진과 같이 우측으로 살짝 이탈하여 좌측 프로펠러가 '호버링 라바콘' 위에 걸려 있으면 허용 범위 내에 있는 것으로 간주, ②번 사진과 같이 좌측 프로펠러가 완전하게 라바콘 우측 밖으로 위치 시에는 불합격이다.

🚨 유의사항 or 잦은 실수

라바콘 수술이 움직인다고 바로 정지하면 관성의 법칙에 의해 기체가 ①번 사진처럼 우로 조금씩 벗어난 상태로 있게 된다. 따라서 "정지"라는 구호 전에 라바콘의 수술모양과 지면에 그림자(기체/라바콘) 등 전체적인 전경을 보고 조종간을 살며시 조작해야 기체 유동 없이 "정지"가 가능하다. 모터의 중심(몸통, 고정자)을 라바콘과 수직 가상선 상에 놓도록 연습/실기시험을 진행해야 최소한 불합격을 면할 수 있다.

📍 CHECK POINT

정지 호버링 단계에서는 고도이탈(기체를 중심으로 상/하 ±50cm), 위치이탈(전/후/좌/우 1m), 경로이탈(좌/우 1m)이 중점 체크 포인트로 불합격이 안되려면 조종간을 미세하게 움직여야하고 운동 · 정지관성이 있음을 명심하여 조종간을 사전에 원위치하여야 한다. '호버링 라바콘'의 수직 가상선 상에 기체의 무게 중심이 정확히 위치시키는 것이 관건이다.

4 좌측면 호버링

<구호 / 행동>

공중 정지비행(호버링)이 완료된 후 다음 단계로 "좌측면 호버링"이라는 조작 구호를 외치면서 러더 키를 좌로 조작하여 기체의 기수를 9시 방향으로 정렬시킨 후에 "정지" 구호를 외치고 3~5초 대기한다.

① 좌측면 호버링(불합격)

공중정지비행(호버링)이 완료되면 "좌측면 호버링"이라는 조작 구호를 외치면서 러더 키를 좌로 (9시 방향) 조작하여 기체의 기수를 9시 방향으로 정렬하면 된다. 정렬이 완료되면 "정지" 구호를 외치고 3~5초 대기한다. ①번 사진과 같이 좌측면으로 90도 회전하지 않고 45~70도 회전 시 불합격, ②번 사진과 같이 기체의 무게 중심이 라바콘 수직 위에 위치하고 수술 모양이 직하방으로 흘러내린다면 합격 수준이다. 프로펠러가 완전하게 라바콘 밖으로 위치(위치이탈 : 1m)시에는 불합격이다.

② 좌측면 호버링(합격)

유의사항 or 잦은 실수

제자리 호버링 상태에서 기체의 좌측면을 보여주는 단계로서 전/후/좌/우로 1m 이상 위치가 이탈되거나 고도가 상/하로 50cm 이탈하여 실격되는 경우가 다수이다. 따라서 러더 키를 최소로 조작하여 위치, 경로이탈을 방지해야한다. 러더 키를 빠르게 조작 시 기체가 팽이처럼 튀거나 좌/우 편차 이상으로 흐르게 되니 유의해야한다. 또한 자주 실수를 범하는 것이 좌측면이라는 것을 미인지하여 키를 반대로 조작하는 경우와 러더 키만 사용해야하나 스로틀과 러더 키가 동시에 입력되어 드론이 좌측면 회전간 고도 상승 또는 하강하는 현상이 종종 발생한다.

⊙ CHECK POINT

실기시험 표준지침서에도 고시되어 있듯이 '고도와 위치 및 기수 방향을 유지하며 좌측면 정지비행을 유지할 수 있어야 한다.' 즉, 러더 키를 최소한으로 사용하는 것도 중요하지만 정확히 9시 방향으로 조작을 하지 못하여 좌측면 정지비행간 스로틀 키가 들어가 기체가 상승/하강하지 않도록 해야하며, 또한 급조작으로 기체가 팽이처럼 튕기면서 위치이탈이 되어 불합격하지 않도록 해야한다.

5 좌측면 호버링 이탈

〈구호 / 행동〉

기체를 좌측면 상태에서 "정지" 구호를 외치고 3~5초 대기한다.

① 좌측면 호버링(준합격)

①번 그림과 같이 기체 중심이 호버링 라바콘 위에 위치시 합격, 뒤편 프로펠러가 좌측으로 살짝 이탈하여 걸려 있으면 허용범위 내에 위치되어 합격 수준이며, ②번 그림과 같이 프로펠러가 완전하게 라바콘 밖으로 위치시에는 불합격이다. ①번 사진은 라바콘 수술 모양이 전방으로 휘날리기 때문에 드론이 뒤에 있는 형상으로, 우에일러론 키를 조작하여 전방위로 수술이 내려갈때 정지를 해야한다.

🚨 유의사항 or 잦은 실수

공중 정지비행(호버링) 상태에서 기체의 좌측면을 보여주는 단계로서 말 그대로 호버링 상태를 유지하며 러더를 조작하여야 한다. 따라서 러더 키를 최소로 조작하여 이탈을 방지해야한다. 모터의 위치를 라바콘의 수직 상승 높이에 맞추어야 최소한 불합격을 면할 수 있다. 러더 키를 빠르게 조작시 기체가 팽이처럼 튀거나 좌우 편차 이상으로 흐르게 되니 유의해야한다.

② 좌측면 호버링(불합격)

📍 CHECK POINT

실제 좌측면 호버링 실시간 러더 키의 조작 강도에 따라 편류(일정하게 한쪽방향으로 흐르는 현상)를 경험하게 되는데, 이러한 편류를 방지할 수 있는 가장 최선의 방법은 러더 키를 9시 방향으로 조작시에 조종간에 있는 키 눈금에서 절반 이하로 조작해야한다. 결국 좌측면 호버링 진행 중에 최소한의 러더 키를 사용하는 것이 핵심 관건이다. 만일 편류를 타서 10시나 11시 방향으로 기체가 1m 이상 이탈한다면 반대 방향의 에일러론 키를 조작해주어 직각 90도 상태를 유지하면서 제자리에서 기수방향만을 바꾸어 주어야 한다. 빠른 조작보다는 미세하고 정확한 조작에 신경을 쓰도록 한다.

6 우측면 호버링

〈구호 / 행동〉
공중 정지비행(좌측면 호버링)이 완료된 후 다음 단계로 "우측면 호버링"이라는 조작 구호를 외치면서 러더 키를 우로 조작하여 기체의 기수를 3시 방향으로 180도 정렬시킨 후에 "정지" 구호를 외치고 3~5초 대기한다.

① 우측면 호버링(불합격)

①번 사진과 같이 우측면으로 180도 회전하지 않고 45~70도 정도에서 멈추거나 회전이 부족한 경우에는 불합격이다. ②번 사진과 같이 무게 중심이 라바콘 수직에 상승되어 위치하고 수술 모양이 아래로 흘러내린다면 합격 수준이며, 프로펠러가 완전하게 라바콘 밖으로 위치(위치 이탈 : 1m)시에는 불합격이다. 특히 우측면 호버링은 180도를 회전해야 하기 때문에 '우'러더 키를 좌측면 호버링보다 2배 이상 조작을 하여야 하기 때문에 '스로틀+러더 키'가 동시에 조작되지 않도록 미세한 조작이 필요하다.

② 우측면 호버링(합격)

유의사항 or 잦은 실수

제자리 호버링 상태에서 기체의 우측면을 보여주는 단계로서 전/후/좌/우로 1m 이상 위치가 이탈되거나 고도가 상/하로 50cm 이탈하여 실격되는 경우가 다수이다. 따라서 러더 키를 최소로 조작하여 위치/경로이탈을 방지해야한다. 러더 키를 빠르게 조작시 기체가 팽이처럼 튀거나 좌/우 편차 이상으로 흐르게 되니 유의해야한다. 또한 잦은 실수를 범하는 것이 우측면이라는 것을 미인지하여 키를 반대로 조작하는 경우와 러더 키만 사용해야하나 스로틀과 러더 키가 동시에 입력되어 드론이 우측면 회전간 고도 상승 또는 하강하는 현상이 종종 발생한다.

CHECK POINT

실기시험 표준지침서에도 고시되어 있듯이 '고도와 위치 및 기수 방향을 유지하며 우측면 정지비행을 유지할 수 있어야 한다.' 즉, 러더 키를 최소한으로 사용하는 것도 중요하지만 정확히 3시 방향으로 조작을 하지 못하여 우측면 정지비행간 스로틀 키가 들어가 기체가 상승/하강하지 않도록 해야하며, 또한 급조작으로 기체가 팽이처럼 튕기면서 위치이탈이 되어 불합격 하지 않도록 해야한다. 좌측면 호버링은 90도 좌측으로 회전하지만 우측면 호버링 단계는 180노들 우측으로 회선해야 하기 때문에 러더 키를 3시 방향으로 조작시 2배 이상의 시간이 소요된다.

☑ 우측면 호버링 이탈

> 〈구호 / 행동〉
> 기체를 우측면 상태에서 "정지" 구호를 외치고 3~5초 대기한다.

① 우측면 호버링(준합격)

①번 사진과 같이 뒤편 프로펠러가 '호버링 라바콘' 위에 살며시 위치시 '허용범위' 내 위치로 준합격, ②번 그림과 같이 뒤편 프로펠러가 완전하게 라바콘 밖으로 위치 시에는 불합격이다. 두 사진은 모두 라바콘 수술 모양이 전방으로 살며시 휘날리기 때문에 드론이 살짝 뒤에 있는 상태(기체를 바라보며 뒤쪽)로, 이때는 우측면 상태이기 때문에 좌에일러론을 살며시 조작하여 라바콘 전방(기체를 바라본 상태)으로 이동해야 한다.

② 우측면 호버링(불합격)

유의사항 or 잦은 실수

제자리 호버링 상태에서 기체의 우측면을 보여주는 단계로서 말 그대로 호버링 상태를 유지하며 러더를 조작하여야 한다. 따라서 러더 키를 최소로 조작하여 이탈을 방지해야한다. 모터의 위치를 라바콘의 수직 상승 높이에 맞추어야 최소한 불합격을 면할 수 있다. 러더 키를 빠르게 조작시 기체가 팽이처럼 튀거나 좌/우 편차 이상으로 흐르게 되니 유의해야한다.

CHECK POINT

실제 우측면 호버링 실시간 러더 키의 조작 강도에 따라 편류(일정하게 한쪽방향으로 흐르는 현상)를 경험하게 되는데, 이러한 편류를 방지할 수 있는 가장 최선의 방법은 러더 키를 3시 방향으로 조작시에 조종간에 있는 키 눈금에서 절반 이하로 조작해야한다. 결국 우측면 호버링 진행 중에 최소한의 러더 키를 사용하는 것이 핵심 관건이다. 만일 편류를 타서 1시나 2시 방향으로 기체가 1m 이상 이탈한다면 반대 방향의 에일러론 키를 조작해주어 직각 90도 상태를 유지하면서 제자리에서 기수방향만을 바꾸어 주어야 한다. 빠른 조작보다는 미세하고 정확한 조작에 신경을 쓰도록 한다.

8 정지 호버링

〈구호 / 행동〉

우측면 호버링이 완료된 후 "정지 호버링" 또는 "기수정렬"이라는 조작 구호를 외치면서 러더 키를 좌로 조작하여 기체의 기수(기체를 바라볼 경우)를 12시 방향으로 정렬하면 된다.

정지 호버링

우측면 호버링이 완료되면 "정지 호버링" 또는 "기수정렬"이라는 구호를 외치면서 러더 키를 좌로(9시 방향) 조작하여 기체의 기수(기체를 바라볼 경우)를 3시 → 2시 → 1시 → 12시 방향으로 정렬하면 된다. 이때 "정지" 구호를 외치고 반드시 3~5초 대기하여야 한다.

유의사항 or 잦은 실수

우측면 상태에서 기체의 기수를 12시 방향으로 정렬하는 단계로 좌로 90도만 돌리면 되는데 가끔 기수를 우로 270도 돌려서 기수를 정렬하는 수험생이 있는데 반드시 좌로 90도만 돌려야 하는 것을 명심해야한다. 필자가 첫 시험 시 다른 코스비행을 완벽히 했음에도 불구하고 270도 우로 돌려 시험에 3번째 불합격한 인원이 있었다. 이유는 규칙의 준수성 때문이다. 정지 호버링 시험은 좌로 90도 → 우로 180도 → 다시 좌로 90도를 유지하면서 공중정지비행(좌/우측면 호버링)을 유지할 수 있는지 테스트하는 단계이기 때문에 규칙의 준수가 매우 중요하다.

PART

03

실기 비행

정지 호버링

CHECK POINT

좌측 러더 키를 최소한으로 사용하고 키 미스를 하지 않는 것이 매우 중요하다. 여기서 '키 미스'라 하는 것은 "기수정렬" 구호와 함께 우러더를 조작하다 다시 좌러더를 조작하거나 아니면 우러더를 지속적으로 조작하여 270도 회전하는 것을 말한다. 다음 단계가 직진/후진 수평비행으므로 직진하려는 방향으로 기수를 돌린다는 의미에서 "기수정렬" 또는 "기수전방" 이라고도 한다.

03 **직진 및 후진 수평비행(50m)**

┃ 평가기준

• 직진 수평비행을 하는 동안 기체의 고도와 경로를 일정하게 유지할 수 있을 것

• 직진 수평비행을 하는 동안 기체의 속도를 일정하게 유지할 수 있을 것

1 **직진 수평비행**

〈구호 / 행동〉

직진 수평비행 단계는 "직진" 또는 "전진"이란 구호를 외치면서 정지 호버링 위치로부터 50m 직진수평을 실시하여 50m 전방에 위치한 라바콘까지 비행하는 단계이다.

① 직진 수평비행

기체별로 또는 GPS 위치 선정에 따라 기체가 흐르는 반대 방향으로 '직진' 키(엘리베이터 키를 12시 방향으로)를 조작하여 ①,②번 사진과 같이 일직선으로 50m 직진 수평비행을 실시해야 한다.

※ 전진키를 조작시 1시 방향으로 드론이 비행한다면 엘리베이터/에일러론 키를 11시 방향으로 지속적으로 조작하면 된다.

직진   Check Point

② 직진 수평비행

📖 유의사항 or 잦은 실수

가속도만 유지하면서 직진 수평비행을 실시해야하나, 가끔 각속도를 취하는 수험생이 많은데 절대 타각을 많이 주어서는 안된다. 유연하게 가속도만 발생시켜 기체의 직진비행을 조작해야 하며, 당연히 12시 방향으로 갈 것으로 확신하고 키를 12시 방향으로만 조작하면 낭패를 볼 수 있다. 실례로 평소에는 12시 방향으로 가던 기체도 북서풍(북쪽을 바라볼 때)을 맞으면 오른쪽으로 밀리기 때문에 실시간으로 11시 또는 10시 방향으로 조작하여야 하며, 결국 호버링~2번 라바콘~50m 지점 라바콘이 일직선으로 line-up이 되어야 한다. 가속도와 각속도 발생 시 라바콘 도달 후 정지 신호를 입력해도 관성의 법칙에 의해 일정 부분 드론이 밀리고 나서 정지될 수 있다는 점을 각별히 유의하여야 한다.

📍 CHECK POINT

통상 실기평가 위원님들이 line-up이 되어야 한다고 말을 한다면 호버링~2번 라바콘~50m 지점 라바콘을 일직선으로 하는 가상의 선을 지정해 놓고 그 라인을 타고 기체가 직진 수평비행을 해야 한다는 것으로 좌/우 1m, 상/하 50cm를 이탈한다면 실격이다.

※ 통상 50m 지짐 호버링 시에는 3～5m 이내에 있다면 합격을 준다. 하지만 그 이상 위치를 이탈한다면 불합격 처리 된다.

2 직진 수평비행 후 정지

〈구호 / 행동〉

직진 수평비행 후 정지 단계는 호버링 위치로부터 전진을 하여 50m 라바콘에서 "정지" 구호와 함께 정지한 상태를 유지해야 한다.

① 직진 수평비행 후 호버링(후면)

직진 수평비행 후 정지 호버링 단계는 호버링 위치로부터 전진을 하여 ①번 사진과 같이 50m 전방에 위치한 라바콘에서 정확히 정지(드론을 바라보고 전/후 5m, 좌/우 1m 이내)하는 것으로 ②번의 측면 사진에서와 같이 드론이 50m 라바콘 위에 정확히 위치하여야 한다. 특히, 정지 후에 드론이 전/후/좌/우 방향으로 비행한다면 운동관성(흐르는 것)에 반대 방향으로 엘리베이터 또는 에일러론 키를 조작하여 정지해야 한다.

※ 드론이 1시 방향으로 이탈하였다면 엘리베이터와 에일러론 키를 7시 방향으로 조작하여 라바콘 위에 정지시켜야 한다.

② 직진 수평비행 후 호버링(측면)

유의사항 or 잦은 실수

기체가 라바콘에 가까워 질수록 관성의 법칙(운동 관성)을 떠올리며 라바콘 위치 도달 전에 정지하여 정확히 멈출 수 있도록 하여야 한다. 대부분의 수험생들이 이 점을 망각하여 라바콘 위치 도착 후 정지를 하여 드론이 전방으로 이탈되는 사례가 다수 발생하고 있는데, 다시 정확한 센터 위치로 정렬하는 과정에서 키 조작 미스를 범하기 쉽다. 실기 시험 도중 이러한 불필요한 과정 발생 시 초조함과 압박감을 느껴 제 실력을 발휘 못하는 수험생들이 많다.

※ 교육원별 기체 세팅 정도에 따라 운동관성이 거의 없는 기체도 있으니, 첫 비행 시 기체의 특성(운동관성 또는 정지관성 등)을 정확히 파악하고 예측 키를 조작할 것인지, 아니면 정지 포인트에서 키를 조작할 것인지 판단해야 한다.

CHECK POINT

실기평가 위원들 또한 라바콘의 수술 움직임을 보고 평가를 한다. 좌/우 1m, 상/하 50cm를 이탈한 다면 실격이다. 고도체크에 각별한 주의가 필요하며 잔디밭 위에서 전진비행 시 하향풍은 기체보다 늦게 따라가기 때문에 하향풍에만 의지하며 전진 후 정지하여서는 큰 낭패를 볼 수 있음 또한 명심을 해야 한다.

※ 통상 50m 지점 호버링 시에는 3~5m 이내에 있다면 합격을 준다. 하지만 그 이상 위치를 이탈한다면 불합격 처리가 된다.

❸ 후진 수평비행

〈구호 / 행동〉

후진 수평비행 단계는 "후진"이란 구호를 외치면서 50m 정지 호버링 위치로부터 후진 수평비행을 실시하여 호버링 라바콘까지 비행하는 단계이다.

① 후진 수평비행

후진 수평비행 단계는 50m 지점 호버링 위치로부터 50m 후진을 하여 호버링 라바콘에서 정확히 정지하는 것으로 기체별로 또는 GPS 위치 선정에 따라 기체가 흐르는 반대 방향으로 후진키를 조작하여 ①번 사진과 같이 일직선으로 50m 후진 수평비행을 실시 후에 ②번 사진과 같이 2번 라바콘을 정확히 통과해야 한다.

※ 후진키를 조작시에 7시 방향으로 드론이 비행한다면 엘리베이터/에일러론 키를 5시 방향으로 지속하면 된다.

② 후진 수평비행(2번 라바콘 통과)

유의사항 or 잦은 실수

후진 수평비행 거리가 길다는 점을 기억해야한다. 가속도만 유지하면서 후진 수평비행을 실시해야하나, 가끔 각속도를 취하는 수험생이 많은데 절대 타각을 많이 주어서는 안된다. 유연하게 가속도만 발생시켜 기체의 후진비행을 조작해야 하며, 당연히 6시 방향으로 갈 것으로 확신하고 키를 6시 방향으로만 조작하면 낭패를 볼 수 있다. 실례로 평소에는 6시 방향으로 가던 기체도 북동풍(북쪽을 바라보고)을 맞으면 7시 방향으로 밀리기 때문에 실시간으로 5시 또는 4시 방향으로 조작하여야 하며, 결국 50m 라바콘~2번 라바콘~호버링 라바콘이 일직선으로 line-up이 되어야 한다. 가속도와 각속도 발생 시 라바콘 도달 후 정지 신호를 입력해도 운동관성의 법칙에 의해 일정 부분 드론이 밀리고 나서 정지될 수 있다는 점에 각별히 유의하여야 한다.

⊚ CHECK POINT

통상 실기평가 위원님들이 line-up이 되어야 한다고 말을 한다면 50m 라바콘~2번 라바콘~호버링 라바콘을 일직선으로 하는 가상의 선을 지정해 놓고 그 라인을 타고 기체가 직진 수평비행을 해야 한다는 것으로 좌/우 1m, 상/하 50cm를 이탈한다면 실격이나.

4 후진 수평비행 후 호버링

<구호 / 행동>

후진 수평비행 후 정지 호버링 단계는 2번 라바콘을 정확히 통과 후에 "정지"라는 구호를 외치면서 호버링 라바콘 위에 정확히 위치하여야 한다.

① 후진 수평비행(2번 라바콘 통과)

후진 수평비행 후 정지 호버링 단계는 50m 위치로부터 후진을 하여 ①번 사진과 같이 2번 라바콘을 정확히 통과(상/하 50m, 좌/우 1m 이내)한 후에 ②번 사진에서와 같이 드론이 호버링 라바콘 위에 정확히 위치하여야 한다. 특히, 정지 후에 드론이 전/후/좌/우 방향으로 비행한다면 운동관성(흐르는 것)에 반대 방향으로 엘리베이터 또는 에일러론 키를 조작하여 정지해야 한다.

※ 드론이 7시 방향으로 이탈하였다면 엘리베이터와 에일러론 키를 1시 방향으로 조작하여 라바콘 위에 정지시켜야 한다.

② 공중 정지비행(호버링)

🚨 유의사항 or 잦은 실수

기체가 라바콘에 가까워 질수록 관성의 법칙(운동관성)을 떠올리며 라바콘 위치 도달 전에 정지하여 정확히 멈출 수 있도록 하여야 한다. 대부분의 수험생들이 이 짐을 망각하여 라바콘 위치 도착 후 정지를 하여 드론이 후방으로 이탈되는 사례가 다수 발생하고 있는데, 다시 정확한 센터 위치로 정렬하는 과정에서 키 조작 미스를 범하기 쉽다. 실기 시험 도중 이러한 불필요한 과정 발생 시 초조함과 압박감을 느껴 제 실력을 발휘 못하는 수험생들이 많다.

※ 교육원별 기체 세팅 정도에 따라 운동관성이 거의 없는 기체도 있으니, 첫 비행 시 기체의 특성(운동관성 또는 정지관성 등)을 정확히 파악하고 예측 키를 조작할 것인지, 아니면 정지 포인트에서 키를 조작할 것인지 판단해야 한다.

📍 CHECK POINT

통상적으로 실기평가 위원들 또한 실기 수험생들과 마찬가지로 라바콘의 수술 움직임을 보고 평가를 한다. 좌/우 1m, 상/하 50cm를 이탈한다면 실격이다. 고도체크에 각별한 주의가 필요하며, 2번 라바콘 통과 후에는 지표면에 잔디가 있을 경우에 한해 잔디 모양이 흐르는 것을 보면서 호버링 위치에 정지시키는 것도 한가지 Tip이라 할 수 있다.

※ 통상 50m 지점 호버링 시에는 3~5m 이내에 있다면 합격이지만, 호버링 위치에 와서는 전/후/좌/우 1m임을 명심해서 불합격 처리가 안되도록 해야한다.

04 삼각비행

▌평가기준

• 삼각비행을 하는 동안 기체의 고도(수평비행 시)와 경로를 일정하게 유지할 수 있을 것

• 삼각비행을 하는 동안 기체의 속도를 일정하게 유지할 수 있을 것

※ 삼각비행 : 호버링 위치 → 좌(우)측 포인트로 수평비행 → 호버링 위치로 상승비행 → 우(좌)측 포인트로
   하강비행 → 호버링 위치로 수평비행

1 우로 비행/이동(각 교육원 훈련기준에 따라 좌로 이동 가능)

〈구호 / 행동〉

"우(좌)로 이동"이란 구호와 함께 에일러론을 점진적으로 미세하게 3시 방향으로 조작하여 기체를 3번 라바콘까
지 이동시킨다.

① 우로 이동

삼각비행 중 우(좌)로 이동(비행)단계는 호버링 위
치로부터 ①번 사진과 같이 2.5m 거리별로 기체
를 이동시켜 방향/고도를 유지하여, ②번 사진과
같이 3번(혹은 1번) 라바콘에 정확히 정지하는 것
이다. 총 7.5m 구간을 이동하면서 기체별로 또는
GPS 위치 선정에 따라 기체가 흐르는 반대 방향
으로 우에일러론 키를 조작하여 수평으로 7.5m
우(좌)로 비행을 해야 한다.

② 정지(3번 라바콘)

📖 유의사항 or 잦은 실수

삼각비행 중 우로 이동을 하는 동안 기체의 고도 (수평비행 시)와 경로를 일정하게 유지할 수 있어야 한다. 즉, 우로 이동을 하는 동안 기체의 속도를 일정하게 유지할 수 있어야 하며, 수평 line-up을 유지한 채로 비행하여야 한다. 가장 잦은 실수가 우에일러론 키를 조작 시 드론이 4시 방향으로 비행한다면 에일러론 키를 2시 방향으로 지속수정하여 3번 라바콘으로 수평비행이 가능하도록 수정비행을 실시해야하는데, 수정 키값이 입력되지 않아서 후방으로 흐르게 되는 사례가 빈번하니 유의하여 비행하면 된다.

📍 CHECK POINT

호버링~2.5/5m~3번(혹은 1번) 라바콘을 수평선상으로 가상의 선을 지정해 놓고 그 라인을 타고 드론이 우로 수평비행 되어야 하며 경로이탈은 전/후 1m, 고도이탈은 상/하 50cm를 이탈한다면 실격이다. 수험생이 연습한 방향으로 우 또는 좌로 비행을 실시하면 된다. 주로 경로이탈과 고도이탈에서 많이 실격됨으로 수평라인업이 유지된 채로 비행되는지, 드론이 우로 수평비행간에 파도타기를 하지 않는지 확인하면서 조작하여야 한다. 만일 수평비행이 안되거나 파도타기로 비행된다면 즉각적인 수정 조작으로 정상적인 경로/고도를 유지하도록 해야한다.

2 우로 비행/이동 후 정지간 이탈(각 교육원 훈련기준에 따라 좌로 이동 후 이탈)

〈구호 / 행동〉
우(좌)로 이동 후에 "정지"란 구호와 함께 에일러론을 원위치하여 기체를 3번 라바콘 위에 정지하면 된다.

① 정지간 기준범위 내(1m)

3번(혹은 1번) 라바콘에 정확히 이동 후 정지하는 단계로 3번 호버링 위치 라바콘 기준으로 좌/우 1m, 상/하 50cm 이상을 이탈한다면 실격이다. ①번 사진과 같이 프로펠러가 3번 라바콘에 수직으로 위치한다면 허용범위 내 위치하여 합격 수준이지만, ②번 사진과 같이 프로펠러가 3번 라바콘에서 우로 1m 이상 이격되었다면 정지 호버링간 위치이탈로 불합격 처리 된다.

② 정지간 기분범위 이탈(1m 이상)

유의사항 or 잦은 실수

모든 실기 코스에서 공통된 사항이지만, 삼각비행에서 우(좌)로 수평비행으로 비행 후 3번 라바콘에 정지 시 관성의 법칙이 적용됨을 간과해서는 안된다. 특히 가속이 발생하면 1차적으로 라바콘 위치 이탈, 2차적으로 그에 따른 불필요한 수정 과정이 발생하여 수험생의 긴장감 및 초조함이 극대화 될 가능성이 높다. 대부분 수험생들의 잦은 실수는 3번 라바콘 미도달 위치에 정지, 라바콘 우로 위치 이탈하여 정지하는 행위로 종종 발생하고 있으며, 정확한 우(좌)로 수평비행이 되지 않아 원래 경로에서 전/후를 벗어나는 경우가 많다.

CHECK POINT

전/후/좌/우 1m, 상/하 50cm를 이탈한다면 불합격이다. 따라서 3번 라바콘 중앙을 정확히 맞추어야 하며, 최소 드론의 모터(고정자) 부분이 라바콘을 벗어나지 않도록 각별히 신경을 써야한다. 우(좌)로 이동하여 3번 라바콘에 정지 시에 운동관성을 예측하여 우측 프로펠러가 라바콘 상공을 지나칠 경우에 좌(우)에일러론 키를 조작하여 운동관성을 정지관성으로 전환되도록 에일러론 키를 조작해야한다.

※ 기체 세팅 정도에 따라 운동관성보다 정지관성이 큰 드론은 모터(고정자)가 아닌 드론의 무게 중심점이 3번 라바콘을 지나갈 때 좌(우)에일러론 키를 조작해야 한다.

3 좌로 상승비행1(각 교육원 훈련기준에 따라 우로 상승비행)

〈구호 / 행동〉
"좌(우)로 상승비행"이란 조작구호와 함께 에일러론을 9시 방향으로 조작과 동시에 스로틀 키를 유연하게 상승시켜 기체가 호버링 라바콘 수직 10.5m 상공에 위치하면 된다.

① 좌(우)로 상승비행(1/3 지점)

좌(우)로 상승비행 단계는 기준 고도 3m에서 7.5m를 좌(우)로 상승하여 10.5m 고도에서 호버링 위치 라바콘에 정지하는 것으로 총 7.5m 구간을 이동하면서 2.5m 거리별로 기체를 45도 방향을 유지하며 이동시켜야 한다. ①번 사진처럼 좌로 상승비행 시 2.5m 고도 상승 후 45도 각도가 유지 안된다면 스로틀 키나 에일러론+엘리베이터 키를 사용하여 ②번 사진 처럼 45도 각도를 맞추면서 10.5m 높이까지 상승하면 된다.

② 좌(우)로 상승비행(1/2 지점)

🔔 유의사항 or 잦은 실수

통상 45도를 기준으로 좌(우)로 상승비행 시 45도 미만으로 비행하는 경우가 많다. 따라서 50도 정도로 비행한다는 기분으로 키를 조작하여야 실수를 만회할 수 있을 것이다. 특히 좌(우)에일러론 키를 선 조작 후에 스로틀 키를 상승시켜야 좋은 각도를 유지할 수 있으니 명심해야한다. 앞 절에서도 설명하였듯이 에일러론 키는 Delay 타임이 발생하여 바로 키 값이 반응하지 않지만 스로틀 키는 즉각 반응하기 때문이다.

📍 CHECK POINT

평가관들도 정확한 각도를 유지하는지 측정하기 위해 우(좌)로 비행 시 7.5m를 측정한 후 좌(우)로 상승비행 방향으로 볼펜이나 자를 대각선으로 세워 정확한 각도 및 거리를 측정한다. 연습시부터 지도교관들에게 각도 유지법을 배우고 항상 키량을 일정하게 조작할 수 있도록 부단한 연습이 필요하다. 좌(우)로 상승비행의 핵심은 45도 각도를 기준으로 ±15도 내외로 비행하는 것이며, 또한 스로틀 키를 먼저 사용하여 집 골격 구조처럼 ∫이런 형태의 모습이 나오지 않게 하여야 한다. 기존 패턴 방식과 다르게 스로틀/에일러론/엘리베이터 키 등 3타가 일치되어야 좋은 삼각패턴 비행이 가능하며 많이 실수하는 코스 중 하나이다.

4 좌로 상승비행2(각 교육원 훈련기준에 따라 우로 상승비행)

〈구호 / 행동〉
"좌(우)로 상승비행"이란 조작구호와 함께 에일러론을 9시 방향으로 조작과 동시에 스로틀 키를 유연하게 상승시켜 기체가 호버링 라바콘 수직 10.5m 상공에 위치하면 된다.

① 좌(우)로 상승비행(2/3 지점)

①번 사진처럼 45도 방향을 유지하며 상승비행 중 시야를 넓게 보고 기체만 바라보아선 안된다(기체를 배경의 한 부분으로 생각하여 넓은 시선을 유지하도록 한다). 좌에일러론 키를 수정 조작하면서 좌로 상승시켜야 하며, 특히 10.5m 고도 상승 후 "정지" 구호를 외치기 전에 ②번 사진처럼 호버링 라바콘의 수술 모양을 보고 전/후/좌/우로 이동 후에 정지를 실시해야 한다. 그래야 좌 또는 우로 하강비행시 정확히 1번(혹은 3번) 라바콘에 위치시킬 수 있다. 통상적으로 45도를 기준으로 30도(±15도)까지는 오차범위를 허용한다.

② 좌(우)로 상승비행(호버링 라바콘 위)

유의사항 or 잦은 실수

모드 2 조종기의 경우 스로틀 키 조작 시 러더 키가 같이 조작되는 경우가 종종 발생하는데 스로틀을 정확히 12시 방향으로 조작해야 러더의 간섭에 의해 기체가 선회하며 상승하는 것을 방지할 수 있다. 그렇지 않으면 좌로 상승비행간 팽이처럼 계속 회전하면서 비행하는 경우가 종종 발생하는데 '조작의 원활성' 평가항목에서 실격처리 될 수 있음을 명심해야 한다. 만일 이 책을 보는 수험생 중에 그런 경험이 있다면 시뮬레이터나 빈 조종기를 들고 좌에일러론 키를 조작 후 스로틀 키를 조작하였을 때 좌에일러론 키는 9시 방향으로, 스로틀 키는 12시 방향으로 정확히 입력되는지 눈을 감고 연습하는 이미지 트레이닝을 반드시 실시해 본 후에 실제 기체로 연습하는 것을 권유한다.

CHECK POINT

스로틀 상승 조작 시 러더 키 값이 입력되어 '팽이' 상승비행이 되지 않도록 각별히 주의해야 한다. 또한, 일정한 속도로 고도를 올리는 것에 집중하도록 한다. 2.5m 구간까지는 초당 1m 속도로 이동하다가 5m에서 7m 구간 이동시에 초당 2m 또는 3m로 이동한다면 로켓과 같은 조작으로 평가되어 실격 처리 될 수 있다.

5 좌로 하강비행1(각 교육원 훈련기준에 따라 우로 하강비행)

〈구호 / 행동〉

"좌(우)로 하강비행"이란 조작구호와 함께 에일러론을 9시 방향으로 조작과 동시에 스로틀 키를 유연하게 하강시켜 기체가 1번(3번) 라바콘 수직 3m 상공에 위치하면 된다.

① 좌로 하강비행(시작지점)

좌(우)로 하강 비행단계는 기준 고도 10.5m에서 좌(우)로 하강하여 1번 라바콘 3m 지점에서 호버링을 하는 것으로 총 7.5m 구간을 이동하면서 2.5m 거리별로 기체를 하강시키는데 45도 방향을 유지하여야 한다. ①번 사진처럼 좌에일러론 키를 우선 사용하며, ②번 사진처럼 스로틀 키를 유연하게 하강시켜 45도 각도를 맞추면서 1번 라바콘 위에 3m 높이까지 하강하면 된다.

② 좌로 하강비행(1/3지점)

🔔 유의사항 or 잦은 실수

통상 45도를 기준으로 좌(우)로 하강비행 시 45도 미만으로 비행하는 경우가 많다. 따라서 50도 정도로 하강비행한다는 기분으로 키를 조작하여야 실수를 만회할 수 있을 것이다. 특히 좌(우)에일러론 키를 선 조작 후에 스로틀 키를 하강시켜야 좋은 각도를 유지할 수 있으니 명심해야 한다. 앞 절에서도 설명하였듯이 에일러론 키는 Delay 타임이 발생하여 바로 키 값이 반응하지 않지만 스로틀 키는 즉각 반응하기 때문이다.

📍 CHECK POINT

평가관들도 정확한 각도를 유지하는지 측정하기 위해 좌(우)로 하강비행 방향으로 볼펜이나 자를 대각선으로 세워 정확한 각도 및 거리를 측정한다. 연습 시부터 지도교관들에게 각도 유지법을 배우고 항상 키량을 일정하게 조작할 수 있도록 부단한 연습이 필요하다. 좌(우)로 하강비행의 핵심은 45도 각도를 기준으로 ±15도 내외로 비행하는 것이며, 또한 스로틀 키를 먼저 사용하여 다운 워시 형태의 모습(♩)이 나오지 않게 하여야 한다. 기존 패턴 방식과 다르게 스로틀/에일러론/엘리베이터 키 등 3타가 일치되어야 좋은 삼각패턴 비행이 가능하며, 많이 실수하는 코스 중 하나이다.

6 좌로 하강비행2(각 교육원 훈련기준에 따라 우로 하강비행)

〈구호 / 행동〉

"좌(우)로 하강비행"이란 조작구호와 함께 에일러론을 9시 방향으로 조작과 동시에 스로틀 키를 유연하게 하강시켜 기체가 1번(3번) 라바콘 수직 3m 상공에 위치하면 된다.

① 좌로 하강비행(1/2 지점)

①번 사진처럼 45도 방향을 유지한 상태로 좌로 하강비행 중 시야를 넓게 보고 기체만 바라보아선 안 된다(기체를 배경의 한 부분으로 생각하여 넓은 시선을 유지하도록 한다). 좌에일러론+엘리베이터 키를 수정 조작하면서 하강시켜야 하며, 특히 3m 고도 하강한 1번 라바콘 지점에서 "정지" 구호를 외치기 전에 ②번 사진처럼 호버링 라바콘의 수술 모양을 보고 전/후/좌/우로 이동 후에 "정지"를 실시해야 한다. 그래야 좌 또는 우로 하강비행 시 정확히 1번(혹은 3번) 라바콘에 위치시킬 수 있다. 통상적으로 45도를 기준으로 30도(±15도)까지는 오차범위를 허용한다.

② 좌로 하강비행(1번 라바콘 지점)

🚨 유의사항 or 잦은 실수

모드 2 조종기의 경우 스로틀 키 조작 시 러더 키가 같이 조작되는 경우가 종종 발생하는데 스로틀을 정확히 6시 방향으로 조작해야 러더의 간섭에 의해 기체가 선회하며 하강하는 것을 방지할 수 있다. 그렇지 않으면 좌로 하강비행간 팽이처럼 계속 회전하면서 비행하는 경우가 종종 발생하는데 조작의 원활성 평가항목에서 실격처리 될 수 있음을 명심해야 한다. 만일 이 책을 보는 수험생 중에 그런 경험이 있다면 시뮬레이터나 빈 조종기를 들고 좌에일러론 키를 조작 후 스로틀 키를 조작하였을 때 좌에일러론 키는 9시 방향으로, 스로틀 키는 6시 방향으로 정확히 입력되는지 눈을 감고 연습하는 이미지 트레이닝을 반드시 실시해 본 후에 실제 기체로 연습하는 것을 권유한다.

📍 CHECK POINT

스로틀 하강 조작 시 러더 키 값이 입력되어 '팽이' 하강비행이 되지 않도록 각별히 주의해야 한다. 또한, 일정한 속도로 고도를 내리는 것에 집중하도록 한다. 2.5m 구간까지는 초당 1m 속도로 이동하다가 5m에서 7m 구간 이동시에 초당 2m 또는 3m로 이동한다면 로켓탄이 추락하는 것과 같은 조작으로 평가되어 실격 처리 될 수 있다.

7 좌(우)측 하강비행 이탈

〈구호 / 행동〉

좌(우)로 하강비행 후에 "정지"란 구호와 함께 기체를 1(3)번 라바콘 위에 정지하면 된다.

① 좌측 하강비행 기준범위 이탈(6시 방향)

10.5m에서 3m로 고도 하강 후 "정지" 구호를 외치기 전에 1번 또는 3번 라바콘 수술 모양을 보고 전/후/좌/우로 이동 후에 정지를 실시한다. 통상적으로 전/후/좌/우 방향으로 1m의 위치이탈(통상 암 1개 기준)까지 허용하며, 고도이탈은 상/하로 50cm까지 허용한다. ①번 사진은 기체를 바라보고 1번 라바콘 6시 뒤편에 기체가 위치한 사진으로 앞 프로펠러에 라바콘이 걸려 있는 상태로 이때는 엘리베이터를 12시 방향으로 살며시 밀어 1번 라바콘 위에 기체를 이동시킨 후 "정지" 구호를 외치는 것이 좋다. ②번 사진은 기체를 바라보고 1번 라바콘 5시 뒤편에 기체가 위치한 사진으로 라바콘 우측 뒤편에 기체가 걸려 있는 상태로 이때는 엘리베이터를 11시 방향으로 살며시 밀어 1번 라바콘 위에 기체를 이동시킨 후 "정지" 구호를 외치는 것이 좋다.

② 좌측 하강비행 기준범위 이탈(5시 방향)

유의사항 or 잦은 실수

호버링 수직 상승 10.5m 라바콘 지점에서 정확한 포지션을 잡지 못한다면 하강비행과 동시에 전/후/좌/우 방향으로 하강비행을 할 수 밖에 없다. 따라서 하강비행 전에 기체의 위치를 먼저 확인하고 조작하여야한다. 기체가 조금이라도 라바콘에서 벗어난 상태에서 하강비행을 하면 1번(혹은 3번) 라바콘에 가까워질수록 기체가 목표로 하는 지점에서 벗어나 있음을 인식하게 될 것이다. 따라서, 1/3지점 정도 하강하였을 때 하강 후 정지하려는 1(3)번 라바콘을 바라보고 만일 기체가 라바콘 전방으로 하강시에는 엘리베이터/에일러론 키를 반대 방향으로 조작하여 정확하게 해당 라바콘 위 3m지점에 안착하도록 해야 한다. 만일 3m 고도에서 정지 후에 전/후/좌/우로 이동한다면 불합격될 확률이 높다.

CHECK POINT

좌(우)측 하강비행간 핵심은 먼저 라바콘을 확인하고, 이탈할 것으로 예상되는 반대 방향으로 엘리베이터+에일러론 키를 조작하여 정확한 수직 상공에 위치하는 것이다. 예를 들어 11시 방향으로 정지할 것으로 예측시에는 5시 방향으로 키를 조작하여 정확한 포지션을 잡도록 해야한다.

8 호버링 위치/정지

〈구호 / 행동〉

"호버링 위치로" 구호 후에 기체를 호버링 라바콘 방향으로 우(좌) 수평비행 후 라바콘 위에 정지하면 된다.

① 호버링 위치

삼각비행 중 마지막 단계인 '호버링 위치로' 단계로서 1번(혹은 3번) 라바콘 위치로부터 호버링 라바콘에 정확히 우(좌) 수평비행/정지하는 것이다. 총 7.5m 구간을 이동하면서 2.5m 거리별로 기체를 이동시켜 방향/고도/경로를 유지하여야 한다. 기체별로 또는 GPS 위치 수신여부에 따라 기체가 흐르는 반대 방향으로 우(좌)에일러론 키와 엘리베이터 키를 조작하여 수평으로 7.5m 우(좌)로 비행을 해야한다. 특히 수평선 상의 가상선을 기준으로 전/후로 1m이탈 시 경로이탈로 불합격되며, 에일러론 키와 스로틀 키를 동시에 조작하여 일명 '파도타기' 형태의 비행이 된다면 고도이탈로 불합격 처리될 수 있다.

※ 우에일러론 키를 조작 시 4시 방향으로 간다면 키를 2시 방향으로 지속하면 된다.

② 호버링 위치

🚨 유의사항 or 잦은 실수

호버링 위치로 이동 시 수평비행 시에 line-up에 주의하며 기체가 전/후로 기울어진 상태로 이동하지 않도록 주의한다. 또한 가속도가 붙지 않도록 조작하여야한다. 가속도가 있는 상태에서 비행하는 경우 관성의 법칙에 의해 라바콘을 이탈 후에 정지하기 쉽다. 잦은 실수 중의 또 하나는 경로를 이탈하여 '물결모양'으로 비행하는 사항과 불필요한 스로틀 키를 사용하여 '파도 타기 모양'으로 진행되어 고도이탈에 걸릴 수 있는 사항이다.

📍 CHECK POINT

1번(혹은 3번) 라바콘~2.5~5m~호버링 라바콘을 연하는 수평선상으로 가상의 선을 지정해 놓고 그 라인을 타고 기체가 비행하도록 하는 것이 핵심 관건이다. 특히 전/후 1m, 상/하 50cm를 이탈한다면 경로이탈과 고도이탈로 실격이다. 주로 고도이탈과 경로이탈은 내측으로 이동하여 많이 실격되므로 외측(라바콘을 기준으로 전진 방향쪽)으로 이동하면 유리하다. 삼각비행을 성공적으로 완수하였다고 자만하는 순간 우(좌) 수평비행을 성공하지 못하여 실격처리 되는 경우가 종종 발생하니 이 점에 유념하여 마지막까지 바른 우(좌) 수평비행이 되도록 해야한다.

05 원주비행(러더턴)

▌평가기준
- 원주비행을 하는 동안 기체의 고도와 경로를 일정하게 유지할 수 있을 것
- 원주비행을 하는 동안 기체의 속도를 일정하게 유지할 수 있을 것
- 원주비행을 하는 동안 비행경로와 기수의 방향을 일치시킬 수 있을 것

1 원주비행 이동(원주비행 위치로)

〈구호 / 행동〉

"원주비행 위치로" 구호와 함께 기체를 착륙장 방향으로 후진 수평비행하여 착륙장 위에 정지하면 된다.

Check
Point

① 호버링 위치

원주비행 준비 단계는 ①번 사진처럼 호버링 위치로부터 ②번 사진과 같이 착륙장 위치로 이동하여 정확히 정지한 상태를 유지하는 것이다. 총 7.5m 구간을 정면을 바라보고 뒤로(내측) 이동하면서 2.5m 거리별로 기체를 이동시키는 단계로서 방향/고도를 유지하여야 한다. 직진/후진 수평비행에서 설명하였듯이 "원주비행 위치로"라는 조작구호와 함께 비행 시에 엘리베이터 키를 6시 방향으로 조작하면 되지만 만일 기체가 7시 방향으로 흐르듯이 비행한다면 5시 방향으로 엘리베이터 키를 수정 조작하면서 라인업이 형성되어야 한다.

② 원주비행 위치로

유의사항 or 잦은 실수

엘리베이터 키를 6시로 조작하였기 때문에 기체가 당연히 6시 방향으로 갈 것으로 확신하고 키를 6시 방향으로 지속 조작하면 낭패를 볼 수 있다. 이유는 평소에는 6시 방향으로 비행하던 기체도 북서풍을 받으면 5시 방향으로 밀리기 때문에 실시간으로 7시 또는 7시 반 방향으로 측풍 수정 조작을 실시하여 수직 line-up을 시킬 수 있도록 해야 한다.

CHECK POINT

호버링~2.5~5m~착륙장을 연결하는 수평선 상으로 가상의 선을 지정해 놓고 그 라인을 타고 기체가 이동해야하며 좌/우 1m, 상/하 50cm를 이탈한다면 실격이다. 특히, 착륙장 위치에서 정확하게 정지를 실시해야하는데 가속도에 따라 운동관성이 발생하여 착륙장(2×2m)을 기준으로 전/후/좌/우로 이탈한 것을 인지하지 못하고 "정지"를 실시한다면 실격 처리될 확률이 높다. 특히 착륙장 내측으로 비행한 후 정지하여 안전거리(15m) 이내로 진입하거나 진입 후 즉시 착륙장 위치로 전진한다면 '안전거리 미준수'로 바로 실격 처리 될 수 있음을 명심해야 한다.

2 원주비행 준비(좌 또는 우측면 호버링)

〈구호 / 행동〉
"원주비행 준비" 구호와 함께 기체를 좌(우)측면 호버링 상태로 좌(우)회전 비행하여 기수를 1(3)번 라바콘 방향으로 하여 정지하면 된다.

① 원주비행 준비(호버링 후 기수정렬 중 45도)

원주비행 준비 단계는 호버링 위치로부터 착륙장 위치로 이동하여 정확히 정지한 후 기수를 좌측면 또는 우측면 상태로 유지하는 것으로 원주비행 준비는 좌측면 또는 우측면 어느 방향이든 무관하다. 단, 원주비행 준비 단계에서 좌 또는 우러더를 급격히 조작하여 팽이 튀듯이 기수가 90도로 방향 전환을 한다거나 빠른 회전속도에 의해 편류현상이 일어나 착륙장(2×2m)을 이탈한다면 실격이 될 수 있으니 유념하면서 살며시 러더를 조작해야 한다. 특히, 내측으로 진입시 안전거리(15m) 미준수로 원주비행을 실시도 못해보고 실격처리 될 수 있으니 반드시 유연한 러더 키 조작을 해야한다. ①번 사진처럼 러더를 살며시 유연하게 조작하여 착륙장 내에서 이탈하지 않도록 해야하며, ②번 사진처럼 비행전에 착륙장에 설치된 수술 모양(설치된 경우)을 보면서 센터와 기체의 무게 중심이 정확히 일치될 수 있도록 세밀하게 조종간을 조작하여야 한다.

기수방향

② 원주비행 준비(기수정렬 후 정지)

원주비행 실시 전에 기수를 좌 또는 우로 정렬하는 단계에서 착륙장을 기준으로 센터 포지션을 잡지 못하여 실시 첫 단계부터 원이 반달원 모양이나 사각형 모양이 되는 사례가 종종 있다. 실례로 착륙장을 기준으로 외측(호버링 라바콘에 근접)에 위치시에는 시작과 동시에 반달원이 될 확률이 높고, 내측에 위치시 통상적인 원보다 큰 원을 그릴 가능성이 크다. 기수정렬 후 "정지" 구호를 외치기 전에 기체의 위치를 다시 한 번 확인한 후 정확한 포지션을 잡아야하는 중요한 이유이다.

CHECK POINT

착륙장 위치에서 "준비"라는 조작구호와 동시에 좌측면 또는 우측면 상태로 준비를 실시 해야 한다. 만일 "좌측면"이라는 조작구호를 하였으나 우측면 상태로 기수를 정렬하였다면, '좌'러더턴이 아닌 '우'러더턴으로 시험을 보아야 한다. 또한 정확한 센터에서 원주비행을 실시해야 바람직한 원이 형성됨을 명심하고 반드시 센터에 무게중심을 일치시키고 원주비행을 실시해야 불합격할 확률이 적다.

3 실 시

가) 비행 시작 → 1번 라바콘 선회시(우러더턴 기준)

〈구호 / 행동〉

"원주비행 실시" 구호와 함께 기체를 '좌(우)측면 호버링' 상태로 좌(우)회전 비행하여 1(3)번 라바콘 위를 무게 중심이 가운데 위치한 상태로 기체의 뒷면이 보이도록 '통과'하면 된다.

① 비행 시작

원주비행 실시 단계는 착륙장 위치에서 ①번 사진처럼 좌 또는 우러더를 이용하여 1~3번 라바콘을 경유하여 착륙장으로 진입하여 정지하는 시험 코스이다. 반경 7.5m 구간을 좌 또는 우로 기수를 고정한 뒤에 전진 속도를 줄이지 않고 러더를 사용하여 원형 모양을 기동하면 되는데 기동간 라바콘 별로 위치/경로/고도를 유지하여야 한다. 특히, 비행 개시 후에 ②번 사진처럼 1번 라바콘 통과시에 정확한 원을 그린다면 2번 → 3번 라바콘 → 착륙장 위치까지는 일정한 속도(러더와 엘리베이터 키값 동일 시)만 유지한다면 지속적으로 바른 원형 형태가 될 수 있다.

원주비행은 좌측 또는 우측 어느 방향이든 무관하다. 만일 1번 라바콘 이동시 '원형'이 아닌 사각형 모양이 형성되면 '러더'를 좀 더 많이 조작하며, 외곽으로 밀려나가는 형상이 되면 '우'에일러론 키를 조작하는 등 수정 조작하면서 비행을 해야한다.

기수선회

② 1번 라바콘으로 선회

🔔 유의사항 or 잦은 실수

원주비행 코스에서 가장 많이 불합격 되는데, 그 이유는 불합격 포인트가 가장 많기 때문이다. 좌 러더턴을 기준으로 보면 착륙장 → 1번 라바콘 → 2번 라바콘 → 3번 라바콘 → 착륙장으로 돌아올 때까지 총 4개의 위치이탈(라바콘을 중심으로 전/후/좌/우 1m), 각 라바콘 상공을 비행시에 경로이탈, 그리고 일정한 고도를 유지 못할 경우 고도이탈 등 총 12개의 불합격 요소를 극복해야 하기 때문이다.

📍 CHECK POINT

원주비행에서 합격의 관건은 엘리베이터(전진) 키와 러더(좌 또는 우) 키를 동일한 양으로 조작하는 것으로, 바람직한 원주비행이 가능하다. 기체의 몸통이 완전히 착륙장을 벗어나면 천천히 비행할 수 있도록 엘리베이터 전진 키를 고정한 상태로 좌 또는 우러더를 일정하게 조작하여 엘리베이터 키값과 러더 키값을 동일한 속도로 조작하는 것이 관건이다. 키 조작 불균형이 발생 시 사각형 혹은 마름모 비행이 형성될 수 있으니 주의하여야 한다. 예를 들어 엘리베이터 키값은 한 칸으로 지속되는데 러더값이 반 칸으로 입력된다면 원은 큰 타원 모양으로 형성될 것이고 반대로 엘리베이터 키값은 반 눈금인데 러더값이 한 칸이라면 원수는 반달 모양이 형성될 것이다.

3 실 시

　나) 1번 라바콘 통과 → 2번 라바콘 선회시(우러더턴 기준)

기체를 좌(우)러더턴 비행을 하여 1번 → 2번 라바콘 위로 기체의 무게 중심이 가운데 위치한 채로 기체의 우(좌)
측면이 보이도록 통과하면 된다.

① 1번 라바콘 통과

앞장에서 설명 하였듯이 ①번 사진처럼 착륙장에서 1번 라바콘까지 정확한 원을 그렸다면 1번 라바콘 통과 후에도 ②번 사진처럼 2번 라바콘 이동 시까지 일정한 키 조작만 이루어진다면 바른 원이 지속될 수 있으나, 통상적으로 그렇게 되지 않는다. 이유는 불필요한 에일러론 키가 조작되거나 엘리베이터 또는 러더값이 일정하지 않고 불규칙적으로 상호 다르게 입력되어 갑자기 원주가 작아지거나 커지게 되기 때문이다.

기수방향

② 2번 라바콘으로 전진

유의사항 or 잦은 실수

1번 라바콘 전/후 1m 구간 통과시에는 지속적인 러더턴이 아닌 직진 수평비행을 하는 것이 바람직하다. 이유는 대부분 수험생들이 엘리베이터(전진)값과 러더값(좌 또는 우회전)을 일정하게 지속하지 못하기 때문이다. 따라서 좌러더턴을 기준으로 1번 라바콘 통과시 1m 수평 전진비행 후에 우러더를 살며시 조작한다면 2번 라바콘까지 원형 모양을 유지하면서 기동할 수 있다. 대표적으로 많이 하는 실수는 크게 두가지 중 하나이다. 엘리베이터 키값보다 러더 키값이 크게 입력되어 원이 반토막나는 경우와 반대로 입력될 경우 더 큰 원을 그리게 되어 2번 라바콘 전방으로 1m 이상 이탈하여 통과하게 되는 경우이다.

CHECK POINT

1번 → 2번 라바콘으로 비행 시 핵심 관건은 1번 라바콘을 기준으로 전/후 1m 구간은 러더보다는 엘리베이터 키를 고정하는 것이며, 또한 1번 라바콘을 기준으로 우측 프로펠러가 라바콘 위를 지나서 비행한다는 느낌으로 조작을 하여야 한다. 즉, 원을 외곽으로 크게 그린다는 느낌으로 키 조작시에 바른 원주가 그려질 수 있다. 마지막으로 1번 라바콘을 지날 때 정확하게 기체의 뒷면을 보여주어야 하며, 라바콘을 기준으로 스키드 피우측 다리가 라바콘 일직선상으로 정확히 통과해야 한다. 원주 실시 후 1번 라바콘까지는 기체의 좌측 이동 부분이므로 기체의 예측 이동 거리를 파악하기 쉽지만 1번 라바콘을 지나 2번 라바콘을 향할 시 전/후 원근감이 적은 사람은 더욱 주의하여야 한다.

3 실 시

다) 1~2번 라바콘 선회 → 2번 라바콘 통과시(우러더턴 기준)

〈구호 / 행동〉

기체를 좌(우)러더턴 비행을 하여 1번 → 2번 라바콘 위로 기체의 무게 중심이 가운데 위치한 채로 기체의 우(좌) 측면이 보이도록 통과하면 된다.

기수방향 및 진행방향

① 2번 라바콘으로 선회

1번 라바콘을 직진 수평비행으로 1m 이상 통과 후 2번 라바콘 이동간에 좌러더를 사용한다면 지속적으로 2번 라바콘 이동시까지 ①번 사진처럼 10~11시 사이각을 보여줄 수 있고, 키 지속시에 ②번 사진처럼 2번 라바콘을 제대로 통과할 수 있다.

개인용 조종기가 있거나 없더라도 교육원 조종기를 사용하여 두 눈을 감고 엘리베이터 한 칸을 입력한 후 러더 키를 우로 한 칸 입력한 후 30초 정도 대기한 후 눈을 떠본다면 키값이 일정하게 유지되는지 확인할 수 있을 것이다. 만일 이 방법이 통한다면 여러분은 원주에 대한 자신감을 획득하게 될 것이다.

기수방향 및 진행방향

② 2번 라바콘 통과

유의사항 or 잦은 실수

1~2번 라바콘 선회 시 잦은 실수는 면을 제대로 보지 못하고 일상적으로 엘리베이터 키를 조작한 상태에서 러더 키를 조작하기 때문이다. 다시 말해 1~2번 라바콘 선회 시 10~11시 방향을 통과한다고 가정하면 기체의 오른쪽 뒤 스키드(통상 11자 형태의 스키드일 경우)가 10시 방향을, 오른쪽 앞 스키드는 11시 방향에 일치될 수 있도록 러더값을 조절할 수 있는 능력을 배양해야한다. 통상적으로 많이 하는 실수는 크게 두 가지 중 하나이다. 대표적으로 엘리베이터 키값보다 러더 키값이 크게 입력되어 원이 반토막 나는 경우와 반대로 입력될 경우 더 큰 원을 그리게 되어 2번 라바콘 전방으로 1m 이상 이탈하여 통과하게 되는 경우이다.

CHECK POINT

1~2번 라바콘 선회 비행 시 핵심 관건은 10~11시 방향을 통과 시에 기체의 오른쪽 뒤 스키드(통상 11자 형태의 스키드일 경우)가 10시 방향을, 오른쪽 앞 스키드는 11시 방향에 일치될 수 있도록 러더값을 조절해야 한다. 또한, 2번 라바콘 통과 전/후 1m 구간에서는 정확하게 우측면 상태로 진입/통과해야 한다. 1~2번 라바콘 선회시에는 기체가 우측면으로 전환되는 시점임을 명심하여 키를 조작해야 한다. 만일 우측면 상태임을 간과한 상태에서 키를 조작시(정면상태로 인지시) 기체가 외곽으로 빠질 경우 우에일러론 키를 조작하게 되고 그렇게 되면 기체는 원의 중심방향인 내측으로 기울어지면서 진입하게 된다.

3 실 시

라) 2번 라바콘 통과시 → 3번 라바콘 선회시(우러더턴 기준)

〈구호 / 행동〉
기체를 좌(우)측면 비행을 하여 2번 → 3번 라바콘 위로 기체의 무게 중심이 가운데 위치한 채로 기체의 대면이 보이도록 선회비행 하면 된다.

기수방향 및 진행방향

① 3번 라바콘으로 전진

①번 사진과 같이 2번 라바콘을 직진 수평비행으로 1m 이상 통과 후 3번 라바콘으로 이동간에 ②번 사진처럼 좌러더를 일정하게 사용한다면 지속적으로 3번 라바콘 이동시까지 바른 원이 지속될 수 있으나, 통상적으로 그렇게 되지 않는다. 이유는 불필요한 에일러론 키가 조작되거나 엘리베이터 또는 러더값이 일정하지 않고 불규칙적으로 상호 다르게 입력되어 갑자기 원주가 작아지거나 커지기 때문이다. 따라서 균일한 키값(러더와 엘리베이터)이 들어갈 수 있도록 철저한 이미지 트레이닝이 필요하다. 2~3번 라바콘 선회시 1~2시 방향을 통과한다고 가정하면 기체의 오른쪽 뒤 스키드(통상 11자 형태의 스키드일 경우)가 1시 방향을, 오른쪽 앞 스키드는 2시 방향에 일치될 수 있도록 러더값을 조절할 수 있는 능력을 배양해야한다.

기수방향 및 진행방향

② 3번 라바콘으로 선회

유의사항 or 잦은 실수

통상적으로 하는 실수는 엘리베이터 키값보다 러더 키값이 크게 입력되어 원이 반토막 나는 경우와 반대로 입력될 경우 더 큰 원을 그리게 되어 3번 라바콘 우측으로 1m 이상 이탈하여 통과하게 된다. 또한 앞서 기술한 이미지 트레이닝이 안 된 상태에서 지속적으로 엘리베이터 키를 11시 방향으로 조작한다면 좌러더턴과 동시에 좌에일러론 키값이 입력되어 3번 라바콘 우측으로 이탈하게 되며, 또한 대면상태임을 망각하여 좌에일러론 키를 더 조작함으로써 3m 이상 이탈해서 실격하거나 최악의 경우 장애물에 충돌하여 추락하는 사례도 종종 발생한다.

CHECK POINT

2~3번 라바콘 선회 비행 시 핵심 관건은 1~2시 방향을 통과시에 기체의 오른쪽 뒤 스키드(통상 11자 형태의 스키드일 경우)가 1시 방향을, 오른쪽 앞 스키드는 2시 방향에 일치될 수 있도록 러더값을 조절해야 한다. 또한, 3번 라바콘 통과 전/후 1m 구간에서는 정확하게 대면상태(기체의 정면이 조종자를 바라본 상태)로 진입/통과해야 한다.

2~3번 라바콘 선회시에는 기체가 대면으로 전환되는 시점임을 명심하여 키를 조작해야 한다. 만일 대면상태임을 간과한 상태에서 키를 조작시(정면상태로 인지시) 기체가 우측 외곽으로 빠질 경우 좌에일러론 키를 조작하게 되고 그렇다면 기체는 우측 외곽 밖으로 더욱 이탈하여 완전 불합격 또는 사고로 이어질 수 있다.

3 실 시

마) 3번 라바콘 통과시 → 착륙장으로 선회시(우러더턴 기준)

〈구호 / 행동〉

기체를 대면비행 하여 3번 라바콘 → 착륙장 위로 기체의 무게 중심이 가운데 위치한 채로 기체의 좌측면이 보이도록 좌선회비행 하면 된다.

주의 : 대면비행

① 3번 라바콘 통과

①번 사진과 같이 3번 라바콘을 대면상태에서 직진 수평비행으로 1m 이상 통과 후 착륙장으로 선회 이동시에 좌러더를 사용한다면 ②번 사진과 같이 지속적으로 착륙장 이동시까지 바른 원이 지속될 수 있으나, 통상적으로 그렇게 되지 않는다. 이유는 불필요한 에일러론 키가 조작되거나 엘리베이터 또는 러더값이 일정하지 않고 불규칙적으로 상호 다르게 입력되어 갑자기 원주가 작아지거나 커지게 되기 때문이다. 따라서 균일한 키값(러더와 엘리베이터)이 들어갈 수 있도록 철저한 이미지 트레이닝이 필요하다.

기수방향 및 진행방향

② 착륙장으로 선회

유의사항 or 잦은 실수

3번 라바콘 통과 후 선회 시 잦은 실수로 대면을 제대로 보지 못하거나 망각하여 역키를 조작하는 경우가 자주 발생한다. 통상적으로 많이 하는 실수는 크게 두 가지 중 하나이다. 대표적으로 대면 진입에 따른 압박감에 의해 엘리베이터 키값이 적어지고 러더 키값은 지속적으로 일정하게 입력되어 반달 형태를 그리는 경우이며, 반대로 입력될 경우 더 큰 원을 그리게 되어 조종석 안전펜스로 접근함에 따라 순간 겁을 먹고 역키를 치는 경우이다. 또한 앞서 기술한 이미지 트레이닝이 안된 상태에서 대면상태임을 망각하여 좌에일러론 키를 더 조작함으로써 안전거리가 미준수된 상태에서 FC 이상 증세를 보일 경우에 안전펜스로 돌진하는 최악의 사례도 있었다.

CHECK POINT

3번 라바콘 선회비행/착륙장으로 선회시 핵심 관건은 대면상태임을 명심하여 좌/우에일러론 키를 반대로 입력해야 한다는 것을 명심하는 것이다. 만일 대면상태임을 간과한 상태에서 키를 조작시 (정면상태로 인지시) 기체가 안전펜스 내측으로 진입하고 있는 상태에서 좌에일러론 키를 조작하게 되고 그렇다면 기체는 점점 더 내측으로 진입하게 된다.

3 실 시

바) 착륙장 도착 후 정지(좌러더턴 기준)

〈구호 / 행동〉

기체를 좌측면비행을 하여 착륙장 위로 기체의 무게 중심이 가운데 위치한 채로 기체의 좌측면이 보이도록하여 착륙장에 도착한 후 "호버링" 또는 "기수정렬" 구호를 외치고 정지하면 된다.

① 착륙장 도착 후 정지

원주비행 실시 단계 중 마지막 단계인 착륙장 진입/도착 후 정지 단계는 정확하게 출발한 착륙장 위치로 ①번 사진처럼 좌측면 상태로 진입하는 것이다. 센터로 정확히 진입 후에 바로 ②번 사진처럼 "호버링" 또는 "기수정렬"이라고 복창과 동시에 정면 상태로 기수를 정렬시키면 된다.

② 호버링(기수정렬)

🔔 유의사항 or 잦은 실수

착륙장 쪽으로 비행 시 기체에 가속도가 붙어있는 상태로서 관성의 법칙에 의해 착륙장을 지나치는 경우가 자주 발생하는데, 이를 방지하기 위해서는 3번 라바콘 통과 후 엘리베이터 속도를 반으로 줄이면서 진입하여야 한다. 원주비행이 끝나간다는 안도감에 자칫 키 조작 실수를 범하기 쉬우니 끝까지 집중하여 정확하게 정지 후 "정지" 구호를 외치는 것을 잊지 않도록 한다.

📍 CHECK POINT

착륙장 도착시에도 가속이 있어 기체가 착륙장을 지나치지 않도록 속도를 조절하는 것이 핵심이며, 러더 키를 많이 조작하여 반달 모양의 형태로 진입되지 않도록 해야한다. 또한 이 구간에서 전진을 멈추어 기체가 안쪽으로 밀려 들어가는 경우가 있으니 끝까지 집중하도록 한다. 정지 후 반드시 우러더 조작을 하여 호버링을 실시 해야한다. 간혹 원주비행이 끝났다는 안도감에 우러더 조작을 하지 않아 마지막에 정면상태로 정렬하지 않고 다음 단계인 비상조작을 실시하여 불합격하는 경우가 종종 있으니 유념해야 한다.

3 실 시

사) 고도/경로이탈 사례

① 고도 저하

유의사항 or 잦은 실수

①번 사진처럼 간혹 원주비행 중 러더 조작시 스로틀이 동시에 조작되어 고도가 낮아지는 경우가 있는데, 이럴 경우 스로틀 상승 조작은 가능한 라바콘 통과시 러더 조작이 없는 상태에서 상승 조작을 하는 것이 좋다. 모드2의 경우 원주비행은 양손 조작을 기본으로 하는 비행이므로 스로틀 조작까지 동시 진행시 각각 프로렐러 RPM이 크게 상승하여 원하는 방향으로 조작하기 힘들어진다. 이는 비행에 대한 심리적 부담감을 초래한다.

② 2번 라바콘 이탈

②번 사진은 전/후 원근감이 약한 수험생들이 주로 보여주는 실수로서, 1번 라바콘 통과 후 전진선회비행 구간과 2번 라바콘 통과비행 구간에서 나오기 쉬운 실수이며 이는 기체만 바라보는 시야를 가진 수험생들에게서 공통적으로 나타나는 현상이다. 가능한 기체와 목표 포인트를 번갈아 가며 보는 연습을 통해 기체와 배경을 한번에 볼 수 있는 넓은 시야를 가지도록 부단히 연습하여야 한다.

3 실 시

아) 위치이탈 / 안전거리 미준수

① 3번 라바콘 이탈

유의사항 or 잦은 실수

①번 사진은 3번 라바콘 통과시 좌/우에일러론 조작 미스로 인해 벌어지는 상황이다. 특히 대면비행에 대한 부담감이 많은 상태에서 벌어지기 쉽기 때문에 대면비행 상태에서 좌/우에일러론 키를 사용시 기체가 좌로 흐르면 우에일러론을, 우로 흐를시 좌에일러론을 조작하여 기체가 흐르는 방향 쪽으로 키를 조작하여야 반대로 기체가 비행하게 된다는 것을 명심해야 한다.

② 안전거리 침범

②번 사진은 원주비행 실시 전과 원주비행을 끝마치고 착륙장으로 돌아오는 경우 생기기 쉬운 상황이다. 아무리 원주비행을 깔끔하게 잘 끝냈다 하더라도 안전거리 침범시 불합격이라는 점을 명심한다. 기체만 바라보는 시야를 가진 수험생들이 원주비행이 끝났다는 안도감에서 이러한 실수들을 보여준다. 위치이탈이 4개소(1~3번 라바콘/착륙장)이며 그에 따른 경로이탈/고도이탈이 각 4개로 총 12개의 실격 포인트가 있다는걸 다시 한번 상기하도록 한다.

06 비상조작(비상착륙)

> ▌평가기준
>
> 비상상황시 즉시 정지 후 현위치 또는 안전한 착륙위치로 신속하고 침착하게 이동하여 비상착륙 할 수 있을 것

1 총괄/고도 상승(2m)

> 〈구호 / 행동〉
>
> "2m 고도 상승" 조작구호와 함께 스로틀 키를 유연하게 상승 조작하여 기준고도 3m에서 2m 상승한 후 정지하면
> 된다.

① 2m 고도상승

비상조작(비상착륙) 중 고도 상승 단계는 기준고도 3m에서 5m로 고도를 상승하는 것(스로틀 키 작동을 점검하기 위한 최소 높이 상승)으로 기체 높이를 기준으로 계산하여 고도를 상승하면 된다. 사진은 기체 높이가 49cm인 경우로 50cm로 계산하여 기체 4대가 올라간 높이에서 정지하면 된다.

② 정 지

유의사항 or 잦은 실수

2m 고도 상승 간에 좌/우 경로 이탈(±1m)하는 경우가 종종 발생하고 있으며, 최종적으로 2m 고도 상승 시 착륙장을 기준으로 외측인지 내측인지 정확히 판단한 후 "정지"를 실시해야한다. 만약 외측에 있다면 비상착륙간에 7시나 8시 방향으로 좌에 일러론 키(엘리베이터 키 동시 조작)를 조작해야 하며 내측에 있다면 10시나 11시 방향으로 키를 조작 해야한다. 통상 정지 시 기체의 위치를 확인하지 못하여 좌에일러론 키만 동작함으로써 비상착륙장 앞이나 뒤에 착륙하게 되고 30cm 높이에서 정지하고 난 후 인지하여 전/후 수평비행을 실시하여 착륙장 안으로 비행하는 경우가 있는데, 이러한 경우 계획성이나 조작의 원활성 또는 규칙의 미준수 항목 등에 적용되어 불합격 처리된다.

CHECK POINT

2m 고도 상승 간에 정확한 고도에서 정지 하는지, 좌 또는 우로 경로이탈 없이 수직 상승했는지, 45도 각도의 경로를 준수하여 비상조작을 했는지, 속도는 1.5~2배 속도로 비행했는지 등을 점검하는 단계로 안정적인 상승과 정지가 관건이다. 너무 급조작 형태로 상승하거나 급정지하면 안된다.

② 비상조작/착륙

〈구호 / 행동〉

"비상조작" 또는 "비상착륙" 조작구호와 함께 좌에일러론 키를 선 조작 후에 스로틀 키를 유연하게 하강 조작하여 좌로 하강비행 후 착륙장 내에서 30cm 정도의 고도에서 일시정지(1~2초) 하면 된다.

비상조작(비상착륙) 단계는 통상적인 비행고도 5m를 가정하여 2m 고도 상승 후에 좌에일러론 키를 조작한 후 스로틀 키를 하강시켜서 7.5m 이격된 비상착륙장에 사진과 같이 45도 각도로 좌측 하강비행 후 착륙을 시키는 시험코스로서 착륙 전에 비상착륙장에 정확히 안착하기 위해 30~50cm 높이에서 일시정지(1~2초) 하면 된다. 특히, 45도 경로를 유지하면서 좌측 하강비행시 3단계로 구분하여 중간에 경로 수정을 실시하면서 비상착륙장 내에 정확히 진입하여야 하며, 일시정지 간에 착륙장 밖으로 이탈하지 않도록 해야한다.

45°

비상조작/착륙

유의사항 or 잦은 실수

평가위원의 성향에 따라 조금 빠르게 하는 것을 좋아하는 경우가 있으며, 안전을 위하여 천천히 좌측 하강비행하는 것을 선호하기도 하지만 핵심은 45도 경사를 유지하고 일정한 속도(1.5~2m)로 착륙하는 것이다. 만약 기체의 진행 방향이 착륙장 전방으로 하강하고 있다면 즉각적으로 7시~8시 방향으로 좌에일러론 키(엘리베이터 키 동시 조작)를 조작해야 한다. 통상적으로 자주하는 실수 중에 하나가 좌에일러론 키를 조작 후 스로틀을 내려야 바람직한 45도 하강비행이 되는데, 스로틀은 내린 후 좌에일러론을 조작하면 45도 사선 비행이 안나온다.

⦿ CHECK POINT

기체 이상 또는 우발 상황시 안전한 곳으로 착륙시킬 수 있는 기량을 측정하는 코스로 45도 각도를 유지하면서 좌로 하강비행 후 비상착륙장에서 30cm 고도에서 일시정지 하는게 핵심이다. 비상은 '비상같이' 라는 말을 들을 정도로 과감하게 좌에일러론/스로틀 키를 조작하거나 슬로우 비디오 촬영처럼 너무 천천히 기동하여 비상조작처럼 느껴지지 않게 하는 행위들이 연습/시험간 자주 나타난다. 말 그대로 비상조작이므로 일정한 속도(평시 비행속노의 1.5~2배)와 각노를 유시하는 것이 핵심 관건이다.

3 브레이크 작동 후 착륙

〈구호 / 행동〉

착륙장 내 30cm 정도의 고도에서 일시정지(1~2초) 후 착륙하면 된다.

브레이크 작동 후 착륙

브레이크 작동 후 착륙 단계는 통상적인 비행고도 5m에서 7.5m 이격된 비상착륙장에 신속하게 좌로 하강비행을 실시하여 착륙장(2×2m) 내 수직으로 30~50cm 높이에서 일시정지(1~2초)한 후 기체를 안전하게 착륙시키면 된다. 특히, 30cm 높이에서 정확히 일시정지 하는게 관건으로 속도에 따라 사진과 같이 작용/반작용에 의해 기체의 기울기가 많이 기울어지게 되는데 정확히 수평으로 자세를 보정한 후에 수직 하강하여 착륙장 내에 랜딩기어가 하나라도 들어가면 된다.

브레이크 작동 후 착륙

🔔 유의사항 or 잦은 실수

비상착륙장 30cm 수직 높이에서 브레이크를 조작한 후에 즉각적인 수평을 유지해야 하는데 순간 정확한 수평자세를 보정하지 못하고 우측으로 기울어진 상태에서 스키드가 지면에 부딪히거나 암 또는 프로펠러가 지면에 부딪히는 현상이 가끔 발생하기도 한다. 핵심 관건은 브레이크 기능을 사용하면서 특정 부분이 심하게 기울어지지 않도록 적절히 에일러론 키를 착륙하는 것이다. 만약 기체가 착륙장 좌측으로 착륙시에는 우에일러론 키를 조작하여 브레이크를 작동하면서 동시에 좌에일러론 키를 즉각 사용하여 기체가 즉각 수평을 유지할 수 있는 키를 조작해야 한다.

📍 CHECK POINT

비상착륙장 30cm 수직 높이에서 브레이크를 정확히 조작하여 즉각적인 수평을 유지하는게 핵심 관건이다. 특히, 브레이크 기능을 사용하면서 기체의 전/후/좌/우 중 특정 부분이 심하게 기울어지지 않도록 적절한 에일러론 및 엘리베이터 키를 조작해야 한다.

4 착륙/정지

〈구호 / 행동〉

착륙장 내 30cm 정도의 고도에서 일시정지(1~2초) 후 스로틀 키를 유연하게 하강시켜 착륙장(2×2m) 내에 스키드(랜딩기어)를 착륙시킨 후 시동을 정지하면 된다.

비상착륙장

착륙장

① 착 륙

비상조작(비상착륙) 중 착륙 단계는 ①번 사진과 같이 비상착륙장(2×2m)안에 기체 스키드 다리가 1개라도 들어가 있는 상태로 착지하는 것이며 정지 단계는 ②번 사진과 같이 스로틀 키를 6시 방향으로 유연하게 조작하여 완전하게 착륙한 후에 시동을 정지하는 것이다.

비상착륙장　　　　　　착륙장

② 정 지

유의사항 or 잦은 실수

착륙간 주로 실수하는 사항은 30cm 고도에서 일시정지시 기체의 위치를 정확히 확인하지 못하여 비상착륙장을 기준으로 전/후/좌/우로 착륙하게 될 것을 뒤늦게 인지하여 반대 방향으로 수평비행을 실시하여 착륙장 안으로 비행하는 경우가 있는데, 이러한 경우 계획성이나 조작의 원활성 또는 규칙의 미준수 항목 등이 적용되어 불합격 처리된다. 또한, 통상적으로 비상착륙장(2×2m)안에 잘 착지시켜 놓고 시동을 정지한 후 "정지"라는 조작 구호와 동시에 스로틀 키를 재조작하여 기체에 다시 시동이 걸리는 경우가 종종 발생한다. 완전히 모터/프로펠러가 정지될 때까지 스로틀 키는 6시 방향으로 지속 유지해야 한다.

CHECK POINT

완벽하게 비상착륙을 할 수 있도록 비상착륙간에 사전 비행 가능한 경로를 판단하여 계획성 있게 3단계로 구분하여 기체의 비행방향을 수정해 나가면서 2×2m 사각형 안에 정확히 진입시켜야 한다. 정상적으로 진입한 후에 착륙을 실시했다면, 모터/프로펠러를 완벽하게 정지해야 하며, 성급하게 스로틀 키를 조작하면 안된다. 완전 정지 이전에 스로틀 또는 엘리베이터 키를 조작하여 기체에 재시동이 걸리거나 전/후/좌/우 방향으로 기울어지면 불합격 처리될 수 있다.

07 정상접근 및 착륙(자세모드)

> ▌평가기준
> • 접근과 착륙에 관한 지식
> • 기체의 GPS 모드 등 자동 또는 반자동비행이 가능한 상태를 수동비행이 가능한 상태(자세모드)로 전환하여 비행할 것
> • 안전하게 착륙조작이 가능하며, 기수방향유지가 가능할 것
> • 이착륙장 또는 착륙지역 상태, 장애물 등을 고려하여 적절한 착륙지점(Touchdown Point)선택
> • 안정된 접근자세(Stabilized Approach)와 권고된 속도(돌풍요소를 감안) 유지
> • 접근과 착륙 동안 유연하고 시기 적절한 올바른 조종간의 사용

1 자세모드 전환/시동

〈구호 / 행동〉

"자세모드 전환"이라는 조작 구호와 함께 ①번 사진의 오른쪽 상단 토글 스위치를 자세모드로 전환시킨 후 시동을 켠 상태에서 일정부분 모터의 회전을 유지하면 된다.

① 자세모드 전환(변경확인)

정상접근/착륙 중 자세모드 전환/시동 단계는 기존 GPS 모드에서 ①번 사진처럼 자세(ATTI)모드로 전환(토글 스위치)하여 기체를 통제하면서 ②번 사진처럼 정상적인 시동을 유지할 수 있는지 평가하는 단계이다.

03

실기 비행

비상착륙장

착륙장

② 시 동

유의사항 or 잦은 실수

자세모드는 말 그대로 GPS를 수신하지 못하며 기체가 스스로 수평을 유지하는 모드로서 전/후/좌/우 어느 방향이든 기체가 시동간에 동작될 수 있다는 것을 명심하여야 한다. 자세모드에서 일부 기체(특정 FC)에서는 시동 조작간에 스로틀/엘리베이터/에일러론 키를 동시에 조작하거나 급조작을 실시한다면 기체가 특정방향으로 심하게 기울어지기 때문에 앞선 단계보다 모든 키 조작을 유연하게 하여 급출력 또는 급조작이 되지 않도록 해야한다.

CHECK POINT

기체의 비정상적 작동(GPS 두절 등)에 대비하기 위해 자세모드에서 기체를 정상적으로 통제할 수 있는지 평가하는 단계로 시동 조작간에 모든 키를 세밀하면서도 유연하게 작동시켜 기체가 정상적인 시동 상태를 유지하도록 하는 것이 관건이다.

2 이륙/정지

〈구호 / 행동〉
"이륙"이라는 조작 구호와 함께 스로틀 키를 유연하게 상승시켜 비상착륙장(2×2m) 내에서 기체를 수직 상승시켜 3m 고도를 유지한 상태로 "정지" 구호를 외치면서 비상착륙장 내에서 3~5초간 대기한다.

이륙
기수방향
비상착륙장
① 이 륙

정상접근/착륙 중 이륙/정지 단계는 기존 GPS모드에서 자세(ATTI)모드로 전환(토글 스위치)하여 기체를 수직 상승하며 수직 상승간에 기체가 전/후/좌/우로 1m 이상 흐르는 것을 통제할 수 있는지 평가하는 단계이다. 비상착륙 후에 조종기 스위치를 자세모드로 전환 후 램프확인을 실시하고 시동을 건다. 시동 후에는 스로틀 키와 엘리베이터/에일러론 키를 사용하여 ①번 사진처럼 기체를 2×2m 사각형 안에서 유지하면서 수직 상승시켜야 하며, ②번 사진처럼 기준고도 3m에서 정지한 후 3~5초간 대기해야한다.

03

실기 비행

좌·우 흐름 주의

비상착륙장

착륙장

② 정지(5초간 대기)

유의사항 or 잦은 실수

자세모드는 말 그대로 GPS를 수신하지 못하므로 전/후/좌/우 어느 방향이든 기체가 흐를 수 있고 통상 초당 2~3m로 이동을 하니 이를 통제할 수 있으려면 시뮬레이터 연습을 부단히 해야 한다. 특히, 자세모드에서는 전환 전에 혹은 기체가 흐르기 전에 마지막으로 입력한 키값 방향으로 흐름을 명심하고 반대 방향으로 키를 고정하고 있어야 한다. 대부분의 실기평가 위원들이 다른 코스는 정지 후 3~5초를 대기 시키지만 자세모드에서는 5초를 대기시키는 경우가 대부분이다.

CHECK POINT

2×2m 사각형 안에서 기체가 있어야 한다. 그 외 지역으로 이탈 시 실격 처리 된다. 최대한 키 사용량을 적게하여 기체의 유동이 없게 하는 것이 관건이다. 전진 키를 조작하였다면 바로 반대 방향인 후진 키를 조작하고, 조작 후 반대 키를 바로 주는 것이 요령이다. 급조작/과도한 키 조작은 4~5m 이상 이탈할 수 있음을 명심해야하며, 특히 이륙간 안전거리(15m) 이내로 진입하지 않도록 조작을 해야한다.

3 착륙장 위치로(정상접근 / 정지)

〈구호 / 행동〉

"착륙장 위치로"라는 조작 구호와 함께 좌에일러론 키를 유연하게 3시 방향으로 조작하여 착륙장(2×2m)으로 수평비행한 후 착륙장 내 기준고도 3m에서 "정지" 구호를 외치면서 3~5초간 대기한다.

이동

Check Point
이동시
전/후진 주의

비상착륙장

착륙장

① 착륙장 위치로

착륙장 위치로(정상접근/정지) 단계는 자세(ATTI) 모드에서 이륙 후 7.5m 이격된 착륙장으로 기체를 통제하여 이동할 수 있는 지 평가한다. 삼각비행의 우로 이동과 같이 2.5~7.5m 구간을 3등분으로 나누어 기체의 흐름을 통제한 가운데 착륙장(2×2m 사각형) 안에서 정지해야한다.

② 정지(5초간 대기)

🔔 유의사항 or 잦은 실수

자세모드에서 우로 수평비행이 말처럼 쉽지 않다. 통상 내측(펜스 쪽)으로 이동하게 되면 바로 안전거리 미준수로 실격처리 될 수 있으니 명심하고 가급적 외측(기체를 바라보면 전방)으로 이동하는 것이 더 유리하다. 실제로 자세모드에서 안전거리 침범 실격사항이 다수 발생하고 있는데 이는 자세모드시 키 조작 미스로 인한 상황이다. 자세모드에서 통상 2~3m 속도로 비행이 되기 때문에 순간 방심하면 경로/위치이탈(전/후/좌/우 1m)이 적용되어 불합격하는 경우가 많이 나오는 항목이다.

📍 CHECK POINT

착륙장 위치로 단계에서 핵심은 기존 GPS 단계보다 속도가 2~3배 빠르게 진행되기 때문에 우에일러론 키를 조작하기 보다는 약간의 힘으로 우에일러론 키에 대고 있는 느낌으로 조작하여 일정한 속도로 착륙장까지 진입하게 하는 것이다. 이때 기체가 1~2시 방향으로 이동한다면 3시 방향으로 살며시 조작하던 키를 4시 방향으로 조작하여 경로이탈이 되지 않은 상태로 수평비행이 되도록 조작하는 것이다. 특히 비행간 우에일러론 키를 꾸준히 조작한다면 가속도가 증가하여 초당 4~5m의 속도로 진입할 수 있다는 것을 명심해야 한다. 즉, 정지 포인트보다 반 박자 먼저 반대 방향 키를 조작하여 멈추는 방식으로 조작하는 습관이 필요하다.

4 착 륙

"착륙"이라는 조작 구호와 함께 스로틀 키를 유연하게 6시 방향으로 조작하여 착륙장(2×2m)으로 수직 하강비행한 후 착륙장 내에 기체를 완벽하게 착륙시키면 된다(무게 중심이 착륙장 내에 위치).

① 착륙

착륙 단계는 착륙장 수직상공에서 정지한 상태에서 ①번 사진과 같이 착륙장으로 기체를 완벽하게 수직하강하여 착륙시킬 수 있는지 평가하는 단계로서 경로/위치이탈(±1m)이 되지 않도록 주의해야 한다. 특히, 비상조작시 착륙장(2×2m 사각형)과는 다르게 기체의 랜딩기어 중 하나만 착륙해서는 안되며, 기체의 무게 중심(통상 방재통 모터 부분)이 사각형 안에 들어가도록 조작해야 한다. 정상적인 착륙 후에는 반드시 ②번 사진과 같이 토글 스위치를 GPS모드로 전환하여 다음 평가 항목인 측풍접근을 자세모드로 비행하지 않도록 해야 한다.

토글 스위치

② GPS 모드 전환(변경확인)

유의사항 or 잦은 실수

통상 완벽하게 기체를 사각형 센터 중심에 착륙시키려다가 순간 키 조작이 커져서 외곽으로 이탈하는 경우가 다수 발생한다. 또한 정지 후 GPS모드로 전환을 하지 않아 측풍접근시 자세모드로 시험을 보아서 불합격하는 사례도 종종 있으니 유의해야한다. 기체의 중심이 착륙장(2×2m 사각형) 안에만 들어가면 되니까 너무 무리하게 조작하는 행위는 금물이다.

CHECK POINT

자세모드에서는 초당 2~3m 흐르기 때문에 어느 방향의 프로펠러던 간에 착륙장(2×2m 사각형) 안에 들어가면 더 이상 키를 조작하지 않고 ①번 사진과 같이 자연스럽게 착륙하는 것이 핵심이다. 평상시 연습을 통해 고도 30cm 이내에서 본인의 기준점을 찾는 것이 중요하다.

※ 프로펠러 또는 암 중간 부분에서 착륙에 성공했다면 그 부분이 30cm 이내에서 기준점이 된다.

08 측풍접근 및 착륙

▌평가기준

- 측풍 시 접근과 착륙에 관한 지식
- 측풍상태에서 안전하게 착륙조작이 가능하며, 방향유지가 가능할 것
- 바람상태, 이착륙장 또는 착륙지역 상태, 장애물 등을 고려하여 적절한 착륙지점(Touch-down Point) 선택
- 안정된 접근자세(Stabilized Approach)와 권고된 속도(돌풍요소를 감안) 유지
- 접근과 착륙동안 유연하고 시기 적절한 올바른 조종간의 사용
- 접근과 착륙동안 측풍 수정과 방향 유지

◢ 측풍접근 위치로

〈구호 / 행동〉

"측풍접근 위치로"라는 조작 구호와 함께 엘리베이터와 우에일러론 키를 2시 방향으로 조작하여 3번 라바콘으로 사선비행한 후 3번 라바콘 수직 위치에 기체를 완벽하게 정지하면 된다.

① 측풍접근

대각선이동

측풍접근 및 착륙 중 측풍접근 위치로 단계는 GPS 모드에서 이륙하여 ①, ②번 사진처럼 3번 라바콘으로 이동(여기까지는 시험 항목이 아님)하는 단계로 차후 측풍접근에서 착륙장 위치로 이동시의 경로를 살펴볼 수 있는 좋은 기회이다. 우로 이동을 생각하며 중간지점에 가상의 선을 지정해 놓고 연결하는 방식으로 비행한다.

② 정지(5초간)

🔔 유의사항 or 잦은 실수

시험 코스는 아니라는 평가관 말에 대충 가는 경향이 있는데 정확한 궤적을 그리면서 이동하여 실제 측풍접근시 45도 대각선 비행을 유지하도록 한다. 마지막 코스라는 점을 생각하며 끝까지 집중해야한다. 모든 어려운 코스를 거의 다 끝마쳤다는 안도감에 정면상태에서의 사선비행을 제대로 수행하지 못하고 우로 수평비행 후 직진 수평비행을 하는 형태로 비행하는 사례가 종종 발생한다.

📍 CHECK POINT

기체를 사선 45도(1시 반 방향)로 비행해야하는 코스로서 키 조작은 바로 1시 반 방향으로 조작하는 것이 아니라 12시로 우선 키를 조작한 상태에서 1시 반 방향으로 조작해야 대각선 비행이 쉽다. 모든 기체는 Delay Time이 발생하게 되므로 12시에서 1시 반 방향으로 키를 조작한다면 기체가 앞으로 나가려는 동시에 우측 45도 비행이 가능하다. 하지만 처음부터 1시 반 방향으로 키를 조작한다면 3시 방향 키가 작동되어 3시 방향으로 기체가 이동할 수 있다.

2 우측면 호버링(기수 정렬)

〈구호 / 행동〉

"우측면 호버링(기수전방/기수정렬)"이라는 조작 구호와 함께 러더 키를 3시 방향으로 조작하여 기체를 우회전
비행한 후 3번 라바콘 수직 위치에 기체를 우측면 상태로 완벽하게 정지하면 된다.

기수 우측으로

Check
Point

① 우측면 호버링

측풍접근 이전 단계로서 측면상태로의 비행을 위
한 준비단계로 생각하면 된다. 3번 라바콘 위에서
기체의 기수를 우측면으로 돌려주고 "정지" 구호
를 복명하면서 우러더 키를 조작하여 우측면 호버
링 상태를 유지하면 된다. 특히, 기체만 바라보는
시야를 버리고 기체와 라바콘을 동시에 바라보아
야 하며, 랜딩기어 형태를 정확히 파악하여 우측
으로 90도를 유지하고 있는지 확인해야 한다.

기수방향

Check
Point

② 정지(5초간)

유의사항 or 잦은 실수

조종석에서 3번 라바콘을 바라볼 경우 착시 현상에 의해 정확한 우측면으로 정렬하는 것이 힘든데 기체의 좌/우측 다리를 기준으로 우측 다리 뒷부분이 좌측 다리 스키드 중앙(삼각형 부분)에 닿으면 통상 우측면 호버링 상태이다(교육 받는 기체별로 스키드(다리) 모양이 다르니 교관에게 문의하여 정확한 포인트를 찾고 연습 해야한다). 이 부분에서 정확한 우측면 상태를 확인하지 못한다면 좌 또는 우로 10도 정도 기울어진 상태가 되며, 다음 단계인 측풍접근시 기수가 좌 또는 우로 기울어진 상태로 측풍접근을 하게되니 명심해야 한다.

CHECK POINT

공중 정지비행 정지 호버링 단계의 우측면 호버링과 동일한 조작으로 우러더 키를 살며시 조작하여 3번 라바콘을 기준으로 반경 1m 안에서 정확한 우측면 호버링을 유지하는 것이 관건이다. 특히, 기준범위를 이탈하려고 할 때 기체의 기수가 우측을 바라보고 있기 때문에 기체를 왼편(전방에 기체를 바라보는 시선에서)으로 보내려면 엘리베이터(후진) 키를 뒤로 조작하여야 하는데 순간 방심하거나 당황하여 좌에일러론 키를 조작함으로써 3번 라바콘을 기준으로 전방(기체를 바라보는 방향을 기준)으로 이농하게 된다.

3 측풍접근/정지

〈구호 / 행동〉

"측풍접근"이라는 조작 구호와 함께 엘리베이터와 에일러론 키를 4시 반 방향으로 조작하여 기체를 우로 사선비행한 후 착륙장 내에서 기준고도 3m를 유지한 상태로 정지하면 된다.

기수방향

대각선이동

① 측풍접근(착륙장)

실비행시험 마지막 코스인 측풍접근/착륙 단계로서 GPS모드로 3번 라바콘에서 우측면 호버링(기수정렬)을 실시한 후 ①번 사진처럼 대각선 45도 방향으로 착륙장에 진입한 후에 ②번 사진처럼 5초간 정지하면 된다. 우측면 상태에서 기체를 완벽하게 대각선 이동을 시킨 후에 착륙장 상공에서 정확히 정지시킬 수 있는지 평가하는 단계이다. 기체의 흐름을 통제한 가운데 기체의 중심(통상 방재통 모터 부분)이 착륙장(2×2m 사각형) 안에 들어가야 한다.

기수방향

② 정지

유의사항 or 잦은 실수

기체를 기준으로 엘리베이터 후진 키를 조작 후에 우에일러론 키를 5시 방향으로 조작한다면 좋은 45도 사선비행이 이루어질 것이다. 자주하는 실수는 에일러론 키를 최초부터 4시 반 방향으로 조작하려고 시도하다가 3시 방향으로 키가 조작되어 사선비행이 아닌 우측면 상태로 안전거리 펜스로 이동하는 경우가 있다. 또한, 대각선이 아닌 계단식으로 지그재그 이동하여 실격 처리되는 일이 없도록 주의해야 한다.

CHECK POINT

착륙장 위치에 수직으로 정확한 포지션을 유지하는 것이 핵심 관건이다. "정지" 구호를 외치기 전에 기체가 착륙장보다 전방(기체를 바라보고)에 위치하고 있다고 판단시에는 우에일러론 키를 조작하여 정확히 착륙장(2×2m) 안에 위치시켜야 한다.

4 착 륙

〈구호 / 행동〉

"착륙"이라는 조작 구호와 함께 스로틀 키를 6시 방향으로 조작하여 기체를 우측면 상태에서 착륙장 내에 착륙시키면 된다(무게 중심이 착륙장 내에 위치).

① 우측면 수직 하강

실비행시험 마지막 코스인 측풍접근/착륙 단계 중 ①번 사진처럼 수직 하강착륙을 실시하는 단계로서 우측면 상태에서 기체를 완벽하게 수직 하강시켜 정상적으로 ②번 사진처럼 착륙시킬 수 있는지 평가하는 단계이다. 외력(바람 등)에 의한 기체의 흐름을 통제한 가운데 기체의 중심(통상 방재통 모터 부분)이 착륙장(2×2m 사각형) 안에 들어가야 한다.

② 정지 (비행종료)

🔔 유의사항 or 잦은 실수

기체 착륙시 스로틀을 일정하게 내려주며 기체가 우측면 상태임을 기억하며 조작한다. 자주 발생하는 실수는 우측면 상태임을 망각하여 정면 상태로 인지하고 키를 조작하는 사례이다. 예를 들어 서풍(기체를 바라보는 방향이 북쪽일 경우)이 불어올 때 우측면을 망각하여 자연스럽게 좌에일러론 키를 조작함으로써 기체를 전방(북쪽 방향)으로 비행하게 하는 경우가 있다. 또한, 너무 무리하게 가운데로 착륙하려다 착륙장을 벗어나는 사례가 빈번하다. 정확히 착륙장 내 센터에 무게중심을 맞추려 하면 오히려 더 큰 키 실수가 일어날 수 있으니, 사각형 안에 위치한다고 판단시에는 더 이상 다른 키를 조작하지 않고 살며시 스로틀 키만 6시 방향으로 조작하면 된다.

📍 CHECK POINT

착륙 단계의 핵심은 기체가 우측면임을 정확히 인지하고 외력(바람)에 의해 기체가 흐를 때 이를 간과하지 않고 측풍 수정을 하면서 수직 하강(일정한 속도와 수직선 유지)하는 것이 관건이다. 예를 들어 서풍(기체를 바라보는 방향이 북쪽일 경우)이 불어온다면 기체는 우측으로 밀리게 되는데, 이때 측풍 수정은 엘리베이터 키를 6시 방향으로 조작하여야 하지만 순간 우측면 상태임을 망각한다면 자연스럽게 좌에일러론 키를 조작할 것이고 기체는 전방(북쪽 방향)으로 비행하게 되는 것이다. 중요 평가 항목 중의 하나가 '착륙동안 측풍 수정과 방향 유지'를 할 수 있어야 한다고 명시되어 있으며, 이를 준수해야 합격할 수 있다.

memo

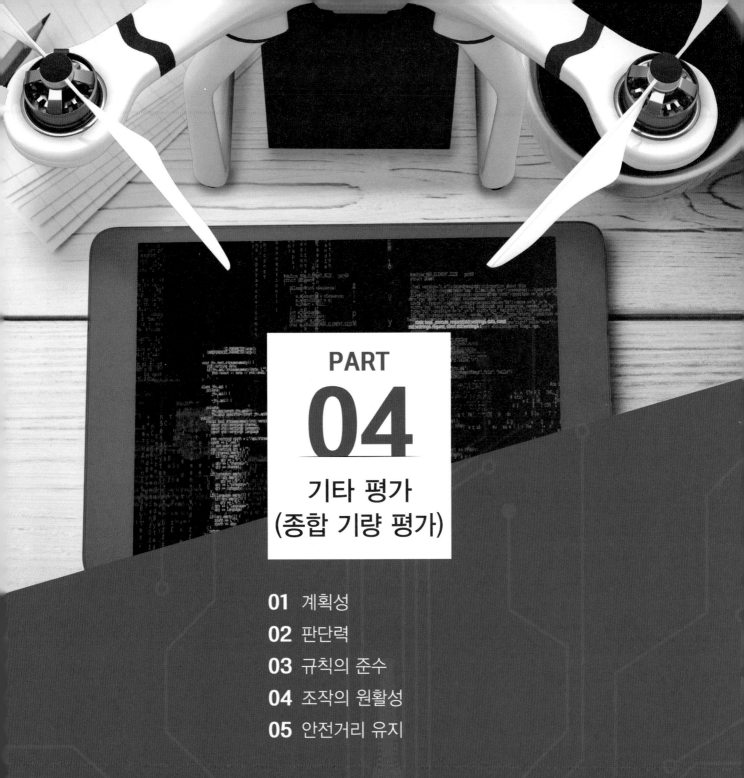

PART

04

기타 평가
(종합 기량 평가)

PART 04

기타 평가(종합 기량 평가)

기타 평가(종합 기량 평가)는 별도로 시간을 지정하여 평가하는 사항은 아니다. 실기시험~구술평가를 진행하는 동안 실기평가위원이 구술로 묻는 경우도 있고 실기평가간 각종 환경(바람/장애물/시간 등)에서 수험생의 대응능력을 보고 평가한다. 따라서 본 파트에서는 필자가 자체 내부 평가 및 실기평가위원의 평가 수행을 통해 체득한 사항을 정리해 보았으니 모쪼록 수험생 여러분의 수험 준비에 도움이 되었으면 한다.

01 계획성

계획성은 비행 전에 상황을 정확하게 판단하고 비행계획을 수립했는지 여부에 대하여 평가하는 항목이다.

(1) 풍향 / 풍속

비행 전 점검 단계에서 비행장 안전점검을 실시할 때 여러분은 "남풍" 또는 "남동풍", "초속 2" 또는 "5m/sec"라고 답한 기억이 날 것이다. 하지만 실제로 이륙 후 실기비행코스 평가를 하는 동안에 풍향/풍속은 실시간으로 변하는게 사실이다. 특히, 풍속은 오전에서 오후시간으로 갈수록 강해질 것이다. 이때 그러한 바람을 체감하고 키를 조작하여 정지 호버링 또는 실기시험코스를 제대로 비행한다면 계획성 있는 시험을 보았다고 해도 된다.

(2) 장애물

비행 전 점검 단계에서 비행장 안전점검을 실시할 때 여러분은 "장애물 이상무"라고 답한 기억이 날 것이다. 대부분 교육원에서 시험시에는 비행장 정문을 통제하는 등의 조치를 취하여 사람이나 차량이 실기시험 비행장으로 진입하는 사례는 없을 것이다. 그러나 혹시 모를 우발상황이 발생하여 사람이 아니더라도 동물이나 새 등이 실기비행코스나 착륙장에 진입하였을 때 당황하지 않고 진입하는 반대 방향으로 키를 조작하여 해당 상황을 극복한다면 여러분은 최고의 조종사임에 틀림없다.

(3) NOTAM(Notice to Airman)

조종사를 포함한 항공 종사자들이 적시 적절히 알아야 할 공항시설, 항공업무, 절차 등의 변경 및 설정 등에 관한 정보 사항을 고시하는 것을 말하며, 일반적으로 항공고시문은 전문 형식으로 작성되어 기상 통신망으로 신속히 국내·외 전 기지에 전파된다.

직접 비행에 관련 있는 항공정보(일시적인 정보, 사전 통고를 요하는 정보, 항공정보간행물에 수록되어야 할 사항으로서 시급한 전달을 요하는 정보)를 전달하고자 할 때 발행한다.

각 항공고시보는 매년 새로운 일련번호로 발행하며, 현재 유효한 항공고시보의 확인을 위한 항공고시보 대조표는 매달 첫날에 발행하고, 평문으로 작성된 월간 항공고시보 개요서는 매월 초순에 발행한다.

우리나라의 항공고시보는 직접비행에 관련 있는 일시적인, 사전통고를 요하는 그리고 항공정보 간행물에 수록되어야 할 사항으로서 시급한 전달을 요하는 정보를 담고 있으며 항공교통관제소 항공정보과에서 NOTAM의 접수 및 발행 등의 관련 업무를 수행하고 있다.

안전운항을 위한 항공정보로서 항공보안을 위한 시설, 업무, 방식 등의 설치 또는 변경, 위험의 존재 등에 대해서 운항관계자에게 국가에서 실시하는 고시로 기상정보와 항공기 운항에 없어서는 안될 중요한 정보(항공/운항 업무, 군사연습 등 포함)이다. 조종자는 비행에 앞서 반드시 NOTAM을 체크하여 출발의 가부, 코스의 선정 등 비행계획의 자료로 활용해야 한다.

고시 방법에 따라 노탐클래스 1과 2로 나누어지며, 조종자는 노탐클래스를 확인한 후 비행계획을 수립해야함을 명심해야한다.

노탐클래스 1은 돌발적 사항 또는 단기적 사항에 대해 조속히 주지시킬 필요가 있을 때 사용되며, 국제민간항공기구(ICAO) 노탐전신부호에 의해 텔레타이프(인쇄전시)로 보내진다.

노탐클래스 2는 장기적 사항을 사전에 도식 등을 사용해 상세하게 주지시킬 경우에 사용되며, 평서문으로 인쇄하여 우편으로 배포한다.

예를 들어 내번 수능일에는 모든 항공기에 수능 듣기평가 중에는 고도 3,000m 이하로 내려오지 말라는 NOTAM을 공지함으로써 수능 여건을 보장하고 있으며, 평창동계올림픽 등 국제적 행사 기간에도 공중 테러 위협에 대비하기 위해 설정하고 있다.

02 판단력

판단력은 수립한 비행계획을 적용 시 적절성 여부에 대하여 평가하는 것으로 전체적인 실기코스에 대한 시간 분배나 돌풍/지속풍에 대한 대처능력이라 할 수 있다.

(1) 시간 분배

실기시험 총 8개 코스에 대한 시간제한은 없으나 통상적으로 10~15분 이내에 완료된다. 그러나 1개 코스에서 급하게 조작하다보면 다음 코스까지 급하게 조작하여 전체 시험을 7분 이내에 종료하는 수험생들이 종종 있는데 대부분 성적이 좋지 않다. 반대로, 너무 천천히 조작하여 코스별로 3~4분을 사용함으로써 24분 내외를 비행하여 배터리가 방전되어 기체가 추락할 위험성이 있는 경우도 간혹 발생하고는 하는데, 이러한 경우 실기평가위원의 재량에 의거 시험이 중단될 수도 있다. 통상적으로 배터리별로 사용할 수 있는 양이 다르지만, 저전압 경고등이 발생한 경우 불가피하게 비상조치 단계를 진행할 수 밖에 없다.

(2) 풍향/풍속에 따른 조치

실기시험 도중 갑작스런 돌풍과 지속적인 바람이 분다면 수험생은 적시적절한 판단을 하여 반대 방향으로 엘리베이터+에일러론 키를 조작함으로써 정지 호버링/코스 비행을 실시할 수 있어야 한다.

(3) 키 미스(조종간 반대로 조작)

실기시험간에 정상적인 면에서의 비행 뿐만 아니라 좌(우)측면 및 대면 비행 등의 조작이 필요한 시험 코스(공중 정지비행(호버링), 원주비행, 측풍접근/착륙 등)가 있는데 각각의 실기시험 코스 진행간 초경량비행장치의 정확한 면을 구별하지 못하고 엘리베이터나 에일러론 키를 조작하여 안전거리 내로 비행한다면, 이는 판단력 부족으로 불합격 처리 된다.

실제 원주비행에서는 대면으로 비행하는 3번 라바콘 지점에서 우에일러론 키를 조작하여 안쪽으로 들어와야 하지만 대면을 인지하지 못하고 좌에일러론 키를 조작한다면 시험장 외곽으로 이탈하거나 장애물에 부딪혀 사고가 날 수도 있다.

03 규칙의 준수

규칙의 준수는 관련되는 규칙을 이해하고 그 규칙의 준수여부에 대하여 평가하는 것으로 실기평가위원들이 실기시험 전에 전반적인 규칙에 대하여 설명을 해주는데 잘 듣고 배운 점과 다르면 반드시 확인을 하고 시험을 보아야 불이익을 안받게 된다.

(1) 정지 호버링 시간(3~5초)

대표적인 것이 시험 코스별 '정지'시간으로, 3초 또는 5초를 대기하라고 실기평가위원이 지정하면 반드시 그 시간을 지켜야 한다. 또한 정지 후에 다음 미션으로 진행되어야 하는데 바로 다음 미션으로 진행해도 1개 과정 미수행으로 하여 실격 처리될 수 있다. 예를 들어 공중 정지비행(호버링) 후에 직진/후진 수평비행을 생략하고 삼각비행을 진행한다던가 삼각비행 간에 우로이동 → 정지 → 좌로 상승비행을 진행해야하지만 정지를 생략하고 우로 이동 후 좌로 상승비행하는 경우가 대표적인 사례이다.

(2) 고도, 경로, 위치 준수

전 시험코스에서 기준 고도를 3m로 선정하였으면, 비행 중 또는 정지 호버링 간에 상/하 50cm(기체 높이가 50cm일 경우 기체 1대) 이상 이탈하거나, 비행계획상 비행하게 되어 있는 경로의 전/후/좌/우로 1m 이상 이탈하면 안된다. 특히, 경로이탈 중 대표적 불합격 사례는 자세모드 또는 GPS모드에서 수직 하강 실시간에 수직으로 하강하지 않고 전/후/좌/우로 비행하면서 지면에 착륙하는 경우이다. 실례로 비상착륙간에 비상착륙장 내 30cm 고도에서 일시정지 후 속도 제어를 하지 못하여 경로를 이탈하면서 전/후/좌/우로 비행 후 착륙장에 기체를 착륙하는 사례가 빈번하다.

마지막으로 각 시험 코스별로 정지 미션을 수행하는 라바콘을 기준으로 1m 이상 이격되어도 실격처리 된다.

04 조작의 원활성

조작의 원활성이란 기체 조작이 신속·정확하며 원활한 조작을 하고 있는지 여부에 대하여 평가하는 것으로 과도한 급조작 또는 급격한 타각 조절 등이 대표적인 실격 사례라 할 수 있다.

(1) 조작 키 실수

조작 키 실수는 '키 미스'라고도 하는데 "좌측면 호버링"이라고 조작구호를 내리면서 키는 우러더를 조작하여 기체가 우측면 공중 정지비행(호버링)을 한다던가 공중 정지비행(호버링)에서 우측면 공중 정지비행(호버링) 후에 기수정렬 시 90도 좌로 돌리지 않고 270도 우로 돌리는 행위 등이 대표적이다.

(2) 속도 유지

비행에 있어 속도 유지는 매우 중요하다. 속도가 빠르면 상대적으로 제어가 어렵다는 뜻이고, 결국 기체의 이상 증상 발생시 대처할 수 있는 시간이 부족해진다. 신속, 정확하며 원활한 조작이란 직진/후진 수평비행 또는 좌/우 수평비행 후 관성의 법칙(일정부분 기체가 진행방향으로 이동하는 것)을 감안하여 키를 조작함으로써 정지 포지션에 정확하게 정지하는 것이다.

05 안전거리 유지

안전거리 유지란 실기시험 중 기종에 따라 권고된 안전거리 이상을 유지하는가를 평가하는 것으로 대표적 실격 사례는 원주비행 후 착륙장 진입시와 비상조작(착륙)과 정상접근/착륙, 그리고 측풍접근/착륙간에 착륙장 내측으로 진입하는 사항이다.

(1) 착륙장

조종석 펜스로부터 15m 이격된 곳에 착륙장을 설치 해놓았는데, 이는 기체가 비정상적 작동(GPS 두절 등) 상황하에서 내측으로 진입시 조치를 할 수 있는 최소한의 시간을 확보하기 위해 선정한 거리로서 전 실기시험코스에서 완벽한 기량을 보여주었어도 안전거리를 미준수하여 내측으로 진입한다면 100% 실격 사유가 되니 착륙장 인근에서 공중조작 간에는 반드시 유념하여 기체를 조작하여야 한다.

(2) 비상착륙장

착륙장을 기준으로 좌/우측 7.5m 이격된 지점에 비상착륙장이 설치되어 있으며, 착륙장과 동일하게 조종석 펜스로부터 15m 이격된 곳에 설치되어 있다. 이는 착륙장과 같이 기체가 비정상적 작동(GPS 두절 등) 상황 하에서 내측으로 진입시 조치를 할 수 있는 최소한의 시간을 확보하기 위해 선정한 거리이다. 따라서 '정상접근/착륙' 단계에서 비상착륙장~착륙장 이동시에 내측으로 진입하지 않도록 조작하여야한다.

memo

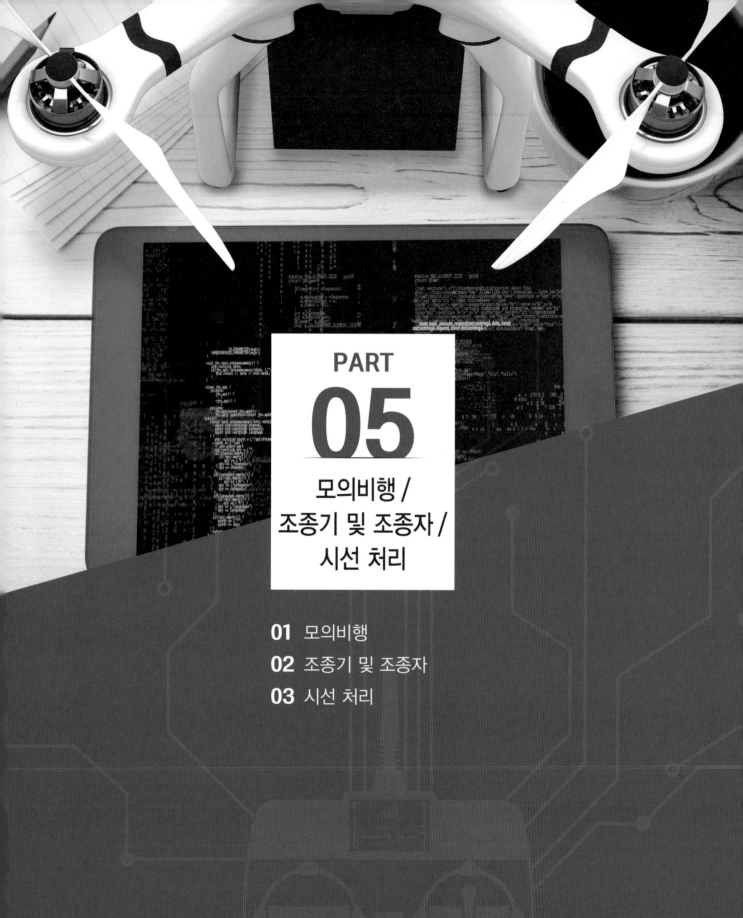

PART

05

모의비행 /
조종기 및 조종자 /
시선 처리

PART
05
모의비행 / 조종기 및 조종자 / 시선 처리

모의비행

(1) 모의비행 준비(기체/훈련장 세팅)

모의비행(시뮬레이션)을 하기전에 조종기, 시뮬레이션 프로그램, 커넥터 등을 준비하고 세팅을 실시해야한다. 본 교재에서는 SPEKTRUM 시뮬레이션과 RealFlight 시뮬레이션에 대해 설명한다.

① SPEKTRUM 시뮬레이션 세팅방법

〈준비물〉

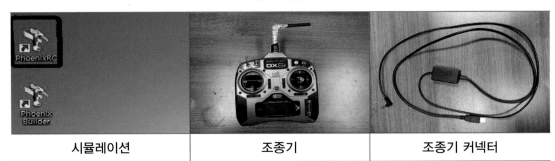

| 시뮬레이션 | 조종기 | 조종기 커넥터 |

시뮬레이션 세팅방법

Start Phoenix R/C를 클릭한다.

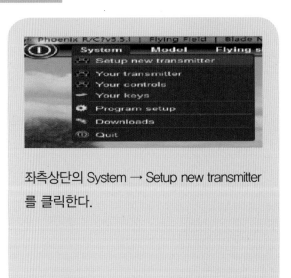

좌측상단의 System → Setup new transmitter 를 클릭한다.

Setup new transmitter 메뉴가 나오면 조종 기가 화면에 나올때까지 NEXT를 눌러준다 (4회 Next).

조종기 화면이 나오면 연결한 조종기의 스틱 좌/우측을 중앙으로 위치한 뒤 NEXT를 눌러준다.

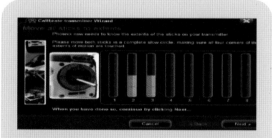

오른쪽 스틱을 12시 방향부터 시계 방향으로 한바퀴 돌린 다음 중앙으로 돌려 놓는다.

※ 화면의 2, 3번 바가 중앙으로 올라갔는지 확인한다.

왼쪽 스틱을 12시 방향부터 시계 방향으로 한바퀴 돌린 다음 중앙으로 돌려 놓는다. 화면확인 후 NEXT를 클릭한다.

※ 화면의 1, 4번 비기 중앙으로 올라갔는지 확인한다.

모의비행 / 조종기 및 조종자 / 시선 처리

토글스위치 확인 작업으로, 사용하지 않을 것이므로 NEXT를 누른다.

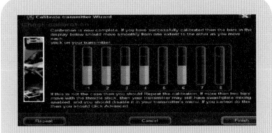

설정한 키값을 확인하는 것으로 좌/우측 스틱을 중앙에 놓은 후 1, 2, 3, 4번이 중앙에 일치하면 FINISH를 클릭한다.

세팅한 조종기를 선택하는 메뉴이다. NEXT 를 클릭한다.

메뉴에서 지금 사용 중인 조종기의 제조사 인 Spektrum를 선택한다.

조종기에 적혀있는 조종기 모델명을 맞게
선택 후 NEXT를 클릭한다.

세팅한 조종기의 제조사, 모델명을 맞게 골
랐다면 FINISH를 클릭하여 세팅을 종료하면
된다.

모의비행 / 조종기 및 조종자 / 시선 처리

기체 선택 및 세팅 작업

시작 메뉴의 Model → Change를 선택
한다.

Multi-rotors를 선택 후 Electic의 Blade
MQX - Plus setup 기체를 선택 후 FINISH
를 클릭한다.

화면에 비행장과 작은 기체가 나온다. 기체
가 너무 작아 연습하기 힘들기 때문에 크기
변경이 필요하다.

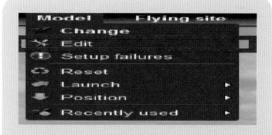

좌측 상단의 Model 메뉴의 Edit을 선택한
다.

Model 메뉴의 Physical을 연다.

Physical 메뉴 중 Size를 0.6으로 변경 후 FINISH를 클릭한다.

커진 기체를 확인 후 비행연습을 시작한다.

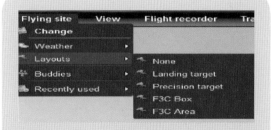

연습을 위한 BOX형 필드는 좌측 상단 메뉴에서 Flying site → Layouts → F3C BOX를 선택한다.

② RealFlight 시뮬레이션 세팅방법

프로그램 실행

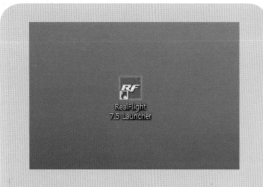

RealFlight 7.5 Launcher를 실행한다.

Run RealFlight를 클릭한다.

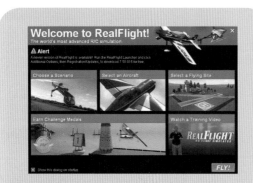

FLY를 클릭한다.

모의비행 / 조종기 및 조종자 / 시선 처리

조종기 채널입력 설정 / 캘리브레이션

좌측 상단에 Simulation → Select Controller
를 클릭한다.

조종기 설정(기본값 : InterLink) → Edit을
클릭한다.

각 채널별 기능설정 및 동작상태를 확인(現
설정값 : Mode2)하고 Save → Close를 순
서대로 클릭한다.

Calibrate를 클릭한다.

스로틀 / 트림스위치 중립 위치 후 Next를
클릭한다.

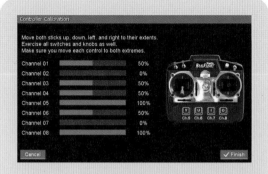

각 스틱을 상, 하, 좌, 우 최대로 하여, 각
채널별 0~100% 이상유무를 확인하고
Finish를 클릭한다.

비행체 선택 / 옵션설정

좌측 상단 Aircraft → Select Aircraft을 클릭
한다.

Hexacopter 780(GPS Mode)을 선택(선택
자유)하고 OK를 클릭한다.

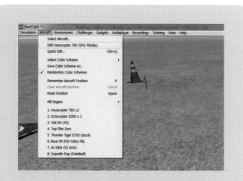

Edit Hexacopter 780(GPS Mode)을 선택
한다.

Vehicle Graphical Scale(%) : 200을 설정
하고 우측 상단 ×를 클릭한다.

예(Y)를 클릭하고 기체 저장명 작성 후 OK
를 클릭한다.

※ 기체 옵션 변경 시 Custom Aircraft에 별
　도 저장된다.

모의비행 / 조종기 및 조종자 / 시선 처리

비행장 선택

상단 Environment → Select Airport를 클릭한다.

비행체별 특성에 맞는 비행장을 선택한다.

※ 본 책에서는 자체 Custom된 드론교육장을 선택하였다.

비행준비

w(앞), s(뒤), a(좌), d(우), 마우스(방향)을 조정하여 기체를 착륙장으로 위치(스페이스바)시킨 후 단축키 P를 누른다(Remember Aircraft Position : 현재 비행체 위치 저장).

※ 기본값 위치는 착륙장으로 설정하여 리셋버튼을 누를 시 초기화되도록 한다.

w(앞), s(뒤), a(좌), d(우), 마우스(방향)을 조정하여 실제 조종자 시야와 동일한 위치로 이동하고 프로그램 공간 내 임의 공간을 마우스 좌클릭한다(시야고정).

모의비행 / 조종기 및 조종자 / 시선 처리

기 타

풍속설정

Page Up(풍속↑), Page Down(풍속↓)으로 설정한다. 최소 0mph ~ 최대 50mph 설정 가능하다.

※ 1mph = 약 0.44m/s

풍향설정

home(풍향↑), end(풍향↓)으로 설정한다. 최소 0mph ~ 최대 50mph 설정 가능하다.

※ 1mph = 약 0.44m/s

비행경로 표시

우측상단 View → Effects → Trails을 클릭한다.

※ 비행경로 표시는 소작간 고벅을 판단하는데 도움이 된다.

비상상황 조치연습

F키 누름 : 기체를 랜덤으로 파손

K키 누름 : 모터를 랜덤으로 정지

※ 헥사곱터 이싱의 우발싱황에 대비할 수 있는 능력 배양에 도움이 된다.

(2) 모의비행 평가

모의비행 평가는 모의비행 연습 20H을 충족한 인원에 한해서 실기체 연습비행 전에 최종 평가하는 단계로 보면 된다. 실기시험 평가시 자세모드에서 정상접근/착륙시험 코스가 있어서 모의비행 평가는 자세모드와 정지 호버링(정면, 좌측면/우측면, 대면 호버링 등)을 원형 안에서 기체 중심을 유지하면서 할 수 있는지 평가한다.

1. 비행준비

w(앞), s(뒤), a(좌), d(우), 마우스(방향)을 조정하여 기체를 착륙장으로 위치(스페이스바)

⇒ 단축키 P 누름(Remember Aircraft Position : 현재 비행체 위치 저장)

※ 기본값 위치는 착륙장으로 설정하여 리셋버튼 누를 시 초기화

2. 기타(풍속설정)

Page Up(풍속↑), Page Down(풍속↓) 설정

최소 0mph ～ 최대 50mph 설정가능

※ 1mph = 약 0.44m/s

02 조종기 및 조종자

1 조종기 파지법

올바른 파지법

조종기 파지법은 비행에 있어 가장 기초가 되는 사항이다. 상단 사진처럼 올바른 파지법을 준용하여 잡아야 한다. 엄지손가락 끝으로 조종간을 살포시 감싸 안아야 하고 검지손가락은 토글 스위치 사이에 넣어 우발 상황시 모드를 변경하거나 살포장치를 ON하는데 사용해야한다.

유의사항 or 잦은 실수

통상적으로 배꼽 상단에 조종기가 수평이 되게 잡아야 하나 조종기 조작간에 본인도 모르게 하단 사진처럼 조종기를 세우는 인원들이 다수 발생하는데 이렇게 힘이 들어가다보면 손에 땀이 차거나 옷에서 정전기가 일어나 조종기를 놓치는 경우가 다수 발생하니 유의해야한다.

CHECK POINT

조종기를 수평으로 유지하고, 최대한 편안하게 양손으로 조종기를 감싸안아야 하며 토글 스위치는 필요시에만 조작할 수 있도록 힘을 주지 않는 것이 관건이다.

※ 양손 엄지손가락은 최대한 세워서 손톱 끝과 조종간의 톱니 부분이 일치되어야 미세조종이 가능하다. 손가락 중간부분에 조종간 위치시 '키 감'이 무뎌져서 큰 키조작을 유발한다.

잘못된 파지법

모의비행 / 조종기 및 조종자 / 시선 처리

2 조종자의 바른 자세

바른 자세

조종자의 바른 자세는 상단 사진과 같이 보폭은 어깨 넓이로 벌리고 조종기는 배꼽 주변에 수평으로 편하게 들고 있어야 하며, 시선은 언제나 기체를 향하고 있어야 한다.

🔔 유의사항 or 잦은 실수

통상적으로 본인도 모르게 하단 사진과 같이 꾸부정한 자세로 임하는 수험생들이 있는데 온 근육에 힘이 들어가서 잘못하면 근육 경련 또는 조종기를 과도하게 파지함으로써 조종간을 급격하게 조작하게 되는 실수를 범하게 되니 유의해야한다.

📍 CHECK POINT

최대한 편안한 자세로 조종하는 것이 관건이다. 일부 수험생들 중 좌측면 또는 우측면 상태에서 키 조작이 혼합되는 경우가 있는데 이때 발은 십일자로 편안하게 벌린 상태에서 상반신만 좌측 또는 우측으로 15도 정도 돌리는 것은 허용되니 측면 상태에서 키 조작이 안되는 수험생분들은 응용하는 것이 좋다.

잘못된 자세

03 시선 처리

기체 중심 시야

배경 중심 시야

교육간에 교관들에게 가장 자주 듣게 되는 말 중의 하나가 '기체만 바라보지말고 기체와 배경을 동시에 보아라'라는 소리일 것이다. 상단 사진에서 보는 것처럼 기체만 바라보면 하단부 라바콘의 수술모양이 안보이기 때문에 정확한 위치를 유지할 수 없게 된다.

유의사항 or 잦은 실수

첫 비행이나 2~3일 동안은 기체와 배경을 동시에 보는 것이 잘 안될 것이다. 자꾸 바라보는 연습을 하다보면 어느 순간 하단 사진과 같이 그림이 보일 것이다. 항상 기체+배경을 동시에 보아 정확한 위치를 잡을 수 있도록 한다.

CHECK POINT

기체 프로펠러에서 발생하는 하향풍에 의해 라바콘의 수술 모양이 어떻게 변하는지를 확인하여 기체가 라바콘을 중심으로 전/후/좌/우 어디에 있는지 확인할 수 있어야한다.

※ 통상 시험날 첫 비행시에는 이슬에 의해 라바콘 수술의 움직임이 없을 수 있는데 이때는 기체의 그림자를 보면 된다.

memo

PART
06
구술평가

구술평가, 이것만은 알고가자

기체에 관련한 사항

(1) 기체분류(중량) / 기체제원

실기시험을 보는 당일 날 여러분이 운용할 기체제원에 대하여 설명하면 된다. 통상적으로 교육원에서 연습하신 분들은 소속 교육기관에서 멀티콥터의 제원/구술평가 자료를 배부해 줄 것이다. 개인적으로 기체를 소유하시고 계신 분들은 본인 기체에 대한 크기/높이 등을 기억하여야 한다.

다음 좌측 도표는 많이 사용되고 있는 드론 ZLION-10의 제원이며, 우측도표는 대표적인 조립드론으로서 크기 또는 전폭/전장/전고의 질문을 받으면 2,185mm/2,185mm, 높이는 375mm로 대답하면 된다.

모델 3WDM4-10	
크기(mm)	2,185×2,185×375
프로펠러 치수	30"
중량(kg)	배터리포함 12.5kg
적재중량(L)	10±0.5
작업속도(m/s)	3~8
최대 비행시간(min)	공중량 25분 이하
살포량(L/min)	0.9~1.8
살포폭(m)	3.5±1
작업 효율(mu/h)	50~60
살포튜브 길이(m)	1.45

모델 XEON AG-1	
크기(mm)	1,040×1,040×490
프로펠러 치수	30"
중량(kg)	12.5kg
적재중량(L)	10±0.5
작업속도(m/s)	3~8
1회 비행시간(min)	23~28분
최대 비행시간(min)	≥28분
살포량(L/min)	0.9~1.8
살포폭(m)	5.5±1
작업 효율(mu/h)	50~60
살포튜브 길이(m)	1.25
모터	9025 120KV

(2) 비행원리, 각 부품의 명칭과 기능

기본적으로 프로펠러, 모터, 변속기, FC 등에 대해 묻는 것으로 프로펠러는 1번 모터를 기준으로 1·3번 모터(CCW ; Counter Clock Wise, 역, 반시계 방향)와 2·4번 모터(CW ; Clock Wise, 정, 시계 방향)로 구성되어진다.

"멀티콥터가 전진할 때 앞·뒤 프로펠러의 속력변화(RPM)는 어디가 낮아지고 높아지는가?"라고 질문하면 "앞쪽 프로펠러가 낮아지고 뒤쪽 프로펠러가 높아진다."라고 대답하면 된다. 다음 그림은 프로펠러별 속도 변화에 따른 이동방향을 표시한 것으로 참고하면 될 것이다.

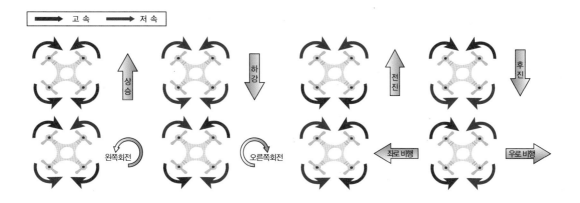

(3) 비행계획 승인

초경량비행장치를 사용하여 비행제한공역에서 비행하려는 사람은 미리 국토교통부장관으로부터 비행승인을 받아야 한다. 또한 25kg 초과 비행장비는 안정성 인증을 받아야 하며 비행을 위한 신청서를 제출하여야 하고 승인을 얻어야 한다.

① 초경량비행장치 비행승인(항공안전법 제127조, 항공안전법 시행규칙 제308조)

ㄱ 국토교통부장관은 초경량비행장치의 비행안전을 위하여 필요하다고 인정하는 경우에는 초경량비행장치의 비행을 제한하는 공역을 지정하여 고시할 수 있다.

ㄴ 동력비행장치 등 국토교통부령으로 정하는 초경량비행장치를 사용하여 국토교통부장관이 고시하는 초경량비행장치 비행제한공역에서 비행하려는 사람은 국토교통부령으로 정하는 바에 따라 미리 국토교통부장관으로부터 비행승인을 받아야 한다. 다만, 비행장 및 이착륙장의 주변 등 대통령령으로 정하는 제한된 범위에서 비행하려는 경우는 제외한다.

구술평가

※ 비행승인 대상이 아닌 경우라 하더라도 국토교통부장관의 비행승인을 받아야 하는 경우

- 국토교통부령으로 정하는 고도 이상에서 비행하는 경우
- 관제공역 · 통제공역 · 주의공역 중 국토교통부령으로 정하는 구역에서 비행하는 경우

ⓒ 초경량비행장치 비행승인 제외 범위(항공안전법 시행령 25조)

- 비행장(군 비행장은 제외한다)의 중심으로부터 반지름 3km 이내 지역의 고도 500ft 이내 범위(해당 비행장에서 법 제83조에 따른 항공교통업무를 수행하는 자와 사전에 협의가 된 경우에 한정한다)
- 이착륙장의 중심으로부터 반지름 3km 이내의 지역 고도 500ft 이내 범위(해당 이착륙장을 관리하는 자와 사전에 협의가 된 경우에 한정한다)

비행승인 요청서(양식)

비행승인 요청서	
1. 비행목적	
2. 비행일시	연월일 시간 ~ (시간단위까지 명시)
3. 비행경로(장소)	이착륙장소 : 비행장소(주소, 건물명 등) :
4. 비행고도 / 속도	
5. 기종 / 대수	
6. 인적사항	: 조종사 성명, 소속, 전화번호 등
7. 탑재장비	
8. 기 타	
첨부서류 : 사업자 등록증, 보험가입증서, 초경량비행장치 사용사업 등록증(항공 촬영 시) 등	

② 비행 전 이후의 예보에 대하여 이해할 수 있어야 한다. 비행 전 안전점검(사람/장애물 이상 무, 풍향/풍속 남풍 초속 1m/sec, GPS 이상무 등)을 실시하고 필요시 우발 상황에 대한 조치를 이해하고 설명할 수 있어야 한다. GPS 수신 등에 '자세'모드 불빛(노란색)이 점등 되었을 때 메인 베터리 분리 후 조종기 On → 메인배터리 결합 등 최초부터 다시 실시하여 GPS 수신(보라색) 여부를 확인하여야 한다.

③ 비행목적에 따라 의도하는 비행 및 비행절차를 설명할 수 있어야 한다. 주로 시험보는 기체가 방제 드론으로서 기초 조종(상승/하강, 전/후/좌/우, 제자리 선회, 고도유지하며 좌우 이동 등), 기본비행(사각형 패턴, 반원 패턴, ㄷ자 패턴, 측풍상태에서 사각 패턴 등), 응용비행(방제 패턴, 장애물 비행, 안전구역 살포, 실거리 살포 등)에 대해 설명하면 된다. 최근 허용된 비가시권 비행에 대해서는 Auto Pilot 모드 숙달 절차를 설명(일정 경로에 도달 시 Auto 스위치를 On하고 경로비행 종료 후 수동모드로 조작 등)하면 된다.

④ 요즘은 다음과 같이 One-stop서비스를 이용하여 많이 간편해 졌으니 활용하면 된다. 비행허가 신청은 비행일로부터 최소 3일 전까지, 국토교통부 원스톱민원처리시스템(www.onestop.go.kr)을 통해 신청과 처리가 가능하다.

드론 One-Stop 민원서비스 시행 안내

• One-Stop 민원서비스란?

기체신고(지방항공청), 비행승인(지방항공청, 군), 항공촬영허가(군) 등 드론 이용 시 필요한 행정절차를 한 곳에서 할 수 있는 부처 통합형 온라인 민원 서비스

※ http://www.onestop.go.kr/drone

• 비행 및 항공촬영 승인 요청 절차

| ▶비행승인신청 : 비행승인 3일 전 (공휴일 제외, A공역은 5일 전) ▶항공촬영신청 : 촬영승인 7일 전 | ⇒ | ▶비행승인 검토 (수도방위사령부) | ⇒ | ▶비행승인통보 |

※ 첨부서류
　▶ 사업체(영리) : 사업자등록증, 초경량비행장치 사용사업등록증, 초경량비행장치 신고증명서, 기체보험 가입증명서
　▶ 개인(비영리) : 없음

• 초경량비행장치 취미활동 보장
　▶ 총 4개소 : 가양대교 북단, 신정교, 광나루비행장, 별내IC일대

• 문의전화안내
　▶ 위규 비행 신고 : 수도방위사령부 방공작전통제소(02-524-0335)
　▶ 비행 및 항공촬영 신청 문의 : 수도방위사령부 화력과(02-524-3353, 3359)
※ 항공안전법 제127조 제2항에 의거 P-73 비행금지구역 및 R-75 비행제한구역 내 비행은 금지되어 있습니다. 단, 기관 또는 단체(개인)의 비행사항을 검토하여 수도방위사령부의 승인 시 제한적으로 비행이 가능합니다. 이를 위반할 시 관련 법령에 의해 처벌되므로 반드시 승인절차를 준수하시기 바랍니다.

⑤ 참고로 비행계획 승인에 대해 궁금하거나 의문이 있으면 다음과 같이 국토교통부에 질의응답 후 하는 것도 좋은 방안이다.

(4) 안전관리

① 비행 전 기체 및 조종기 점검

비행전에 조종기 On을 실시한 후에 프로펠러/모터 이상유무, 암(팔)의 유격정도, 메인프레임/스키드 이상유무 등을 파악한 후 이륙비행간 조종기 신호에 의해 모터별 작동 이상 유무를 체크 해야한다.

※ 이륙비행간 엘리베이터 전/후, 에일리런 좌/우, 러더 좌/우측면 상태를 점검한다.

② 비행계획 구역 내의 동일 주파수 사용여부 확인

비행 구역 내에서 동일 주파수 사용을 하는 조종자가 있다면 시간 및 고도를 분리해야하며 만약 미준수한 가운데 비행하다가 서로 혼신이 되어 다른 사람의 기체가 조종이 되면 최악의 경우 사고로 이어질 수 있다.

※ 과거 경험을 보면 조종 주파수의 경우 5Mhz 이상 이격되어야 간섭을 회피 가능하다.

(5) 비행규정

① 최대 이륙중량 25kg 이하 기체는 비행금지구역/관제권을 제외한 공역에서 고도 150m 이하에서는 비행승인 없이 비행이 가능하나, 25kg 초과 기체는 전 공역에서 비행 승인 후 비행 가능하다.

② 최대 이륙중량과 상관없이 비행금지구역 또는 관제권에서는 사전 비행승인 없이는 비행이 불가하다.

③ 전국 33개소(가양대교, 신정교, 광나루, 별내 IC 포함)의 초경량비행장치 전용공역(UA)에서는 비행 승인 없이 비행 가능(어플 Ready to fly 또는 Safeflight에서 확인 가능)하다.

  ※ 구성산(UA-2), 약산(UA-3), 봉화산(UA-4), 덕두산(UA-5), 금산(UA-6), 홍산(UA-7), 양평(UA-9), 고창(UA-10), 공주(UA-14), 시화(UA-19), 성화대(UA-20), 방장산(UA-21), 고흥(UA-22), 담양(UA-23), 구좌(UA-24), 하동(UA-25), 장암산(UA-26), 마악산(UA-27), 서운산(UA-28), 옥천(UA-29), 북좌(UA-30), 청나(UA-31), 토천(UA-32), 변천천(UA-33), 미호천(UA-34), 김해(UA-35), 밀량(UA-36), 창원(UA-37), 모슬포(UA-38) 등 29개소

NR	Name	Lateral Limit	Vertical Limit
		Ultralight Vehicle Flight Areas	
UA 2	GUSEONSAN	A circle, radius 1.8km(1.0NM) centered at 354421N 1270027E	500 FT AGL SFC
UA 3	YAGSAN	A circle, radius 0.7km(0.4NM) centered at 354421N 1282502E	
UA 4	BONGHWASAN	A circle, radius 4.0km(2.2NM) centered at 353731N 1290532E	
UA 5	DEOKDUSAN	A circle, radius 4.5km(2.4NM) centered at 352441N 1273157E	
UA 6	GUMSAN	A circle, radius 2.1km(1.1NM) centered at 344411N 1275852E	
UA 7	HONGSAN	A circle, radius 1.2km(0.7NM) centered at 354941N 1270452E	
UA 9	YANGPYEONG	373010N 1272300E − 373010N 1273200E − 372700N 1273200E − 372700N 1272300E − to the beginning	
UA 10	GOCHANG	A circle, radius 4.0km(2.2NM) centered at 352311N 1264353E	
UA 14	GONGJU	363225N 1265614E − 363045N 1265746E − 363002N 1270713E − 362604N 1270553E − 362805N 1265427E − 363141N 1265417E − to the beginning	
UA 19	SIHWA	371751N 1264215E − 371724N 1265000E − 371430N 1265000E − 371315N 1264628E − 371245N 1264029E − 371244N 1263342E − 371414N 1263319E − to the beginning	
UA 20	SUNGHWADAE	A circle, radius 5.4km(3.0NM) centered at 344157N 1263101E	
UA 21	BANG JANG SAN	A circle, radius 3.0km(1.6NM) centered at 352658N 1264417E	
UA 22	GOHUNG	A circle, radius 5.6km(3.0NM) centered at 343640N 1271221E	
UA 23	DAMYANG	A circle, radius 5.6km(3.0NM) centered at 352030N 1270148E	
UA 24	GUJOA	A circle, radius 2.8km(1.5NM) centered at 332841N 1264922E	
UA 25	HADONG	350147N 1274325E − 350145N 1274741E − 345915N 1274739E − 345916N 1274324E − to the beginning	
UA 26	JANG AM SAN	372338N 1282419E − 372410N 1282810E − 372153N 1282610E − 372211N 1282331E − to the beginning	
UA 27	MIAKSAN	A circle, radius 1.2km(0.7NM) centered at 331800N 1263316E	

※ The entire area within Incheon FIR is designated as Ultralight vehicle flight restricted area except areas listed in the above table

(6) 정비규정

드론에 사용되는 주요 부품들은 수명주기가 있다. 정비 규정에 대해서는 정확하게 매뉴얼화 되어 있는 것은 없지만 필자가 교육기관을 운영하면서 자체적으로 정리한 사항은 다음과 같다.

① FC는 통상 2,000여 시간(1일 6시간 비행×30일×11개월=1,980H)에 교체를 하면 되기 때문에 1년으로 보면 될 것이다(단, 하드랜딩으로 FC 구조적 손상 시 수명주기 단축).

② 모터/변속기는 통상 300~500시간의 교체 주기를 고려 시(1일 6시간 비행×30일×3개월 =540H) 3~4개월 단위로 보면 될 것이다(단, 베어링이 마모되거나 과부하로 제 성능 미발휘 시 교체).

③ 배터리는 통상 300~500cycle의 교체 주기 고려 시(1일 6cycle×30일×3개월=540cycle) 통상 3~4개월로 보면 된다(단, 충전 중 또는 사용 중 '팽창'하였거나 '파손'된 배터리는 즉시 소금물에 담구어 폐기).

상기 사항은 특정 데이터를 설명한 것이고 각 교육원 또는 개인별로 각 부품에 대한 예방정비 정도에 따라 1/2 또는 2배 사용이 가능할 것이다. 특정 교육원에서는 200~300H 주기로 모터/변속기를 교체하여 사용하기도 한다. 중요한 것은 배터리가 갑자기 방전되거나 변속기/모터에 과부하가 걸리면 기체가 이륙과 동시에 또는 비행 중 비정상 상황이 발생할 수 있다는 점이다. 따라서, 비행장마다 기체 2대를 구비하여 교대로 임무수행한다면 현재의 주기보다 운용시간 및 Cycle이 1/2로 줄어들기 때문에 수명주기는 2배로 연장이 가능하다. 이는 개인용 기체도 마찬가지로서, 개인적으로 사용하거나 사업을 한다면 주/예비 기체를 보유하는 것이 바람직하다.

02 조종자에 관련한 사항

(1) 신체조건(운전면허증)

건강진단에 관한 사항으로 초경량비행장치 조종자는 비행장치를 조종하는데 있어 신체적 결함이 없어야 한다. 자동차운전면허를 소지하고 있지 않은 사람은 제2종 보통 이상의 자동차 운전면허를 발급받는데 필요한 신체검사증명서로 대신한다(운전면허증 필히 지참).

(2) 학과합격

초경량비행장치 전문교육기관 3주 과정을 이수한 사람 중 이론교육(항공기상, 항공법규, 비행이론/운용 등 3과목)을 이수하고 학과시험에서 70점 이상 득점자에 대해서는 학과시험을 면제할 수 있다.

(3) 비행경력확인

8시간 이상의 훈련시간(동반 비행)+12시간 이상의 기장(단독 비행)시간을 포함한 해당 초경량비행장치 비행시간이 20시간 이상의 비행경력을 가진 사람이 초경량비행장치 자격증명시험에 응시할 수 있다.

(4) 조종사 준수사항

① 군 방공비상사태 인지 시 즉시 비행을 중지하고 착륙할 것

② 항공기 부근에 접근하지 말 것. 특히 헬리콥터의 아래쪽에는 다운워시가 있고 대형 · 고속항공기의 뒤쪽 및 부근에는 난기류가 있음을 유의할 것

③ 군 작전중인 전투기가 불시에 저고도, 고속으로 나타날 수 있음을 항상 유의할 것

④ 다른 초경량비행장치에 불필요하게 가깝게 접근하지 말 것

⑤ 비행 중 사주경계를 철저히 할 것

⑥ 비행 중 비정상적인 방법으로 기체를 흔들거나, 자세를 기울이거나 급상승/급강하 하거나, 급선회하지 말 것

⑦ 이륙전 제반 기체 및 엔진 안전점검을 철저히 할 것

⑧ 주변에 지상 장애물이 없는 장소에서 이 · 착륙할 것

⑨ 야간에는 비행하지 말 것(일출이후, 일몰이전) / 비 가시권 비행하지 말 것

　※ '17.11.10.부로 사전 승인 받은 기체에 대해서는 허용

⑩ 음주, 약물복용 상태에서 비행하지 말 것

⑪ 초경량비행장치를 정해진 용도 이외의 목적으로 사용하지 말 것

⑫ 비행금지공역(청와대 : P-73A, B), 비행제한공역(수도권 인구밀집지역 : R-75), 위험공역 (휴전선 인근 : P-518), 경계구역, 군부대상공, 화재발생지역상공, 화학공업단지, 기타 위험한 구역의 상공에서 비행하지 말 것

⑬ 공항, 대형비행장 반경 약 9.3km 이내에서 관할 관제탑의 사전승인 없이 비행하지 말 것

⑭ 고압송전선 주위에서 비행하지 말 것

⑮ 추락, 비상착륙 시 인명 및 재산의 보호를 위해 노력할 것

⑯ 인명이나 재산에 위험을 초래할 우려가 있는 낙하물을 투하하지 말 것.

※ 상기 준수사항 중 통상 5가지 이상을 답변하라고 하면 상기 사항에 대해 대답하면 되고, 적색 표기된 사항은 17.11.10일 부로 특별비행승인제도가 시행되면서 일정부분 안정성 인증이 된 기체에 대해서는 허용되고 있다고 하면 된다.

03 **공역 및 비행장에 관련한 사항**

(1) 비행금지 구역 / 제한구역

① 비행금지공역

㉠ 청와대 : P-73A(2N/M) / B(4N/M)

㉡ 원전지역 : P-61 A/B(고리), P-62 A/B(월성), P-63 A/B(한빛/영광), P-64 A/B(한울/울진), P-65 A/B(대전원자력연구소)

※ A/B 지역 : A지역은 2N/M(3.6km), B지역은 10N/M(18km)

㉢ 위험공역 : 휴전선 인근 군 전술통제작전구역(P-518)

② 비행제한공역 : 수도권 인구밀집지역(R-75)

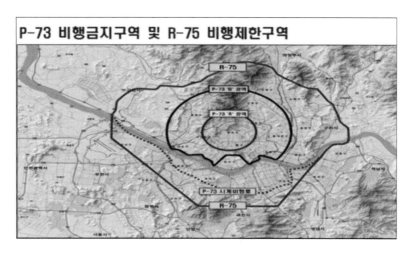

기타 경계구역, 군부대 상공, 화재발생지역 상공, 화학공업단지, 기타 위험한 구역의 상공에서 비행하지 말 것

(2) 관제공역공항/대형 비행장 반경 5N/M(약 9.3km) 이내에서 관할 관제탑의 사전승인 없이 비행하면 안된다.

(3) 허용고도

일반적으로 비행이 가능한 고도는 지표면을 기준으로 150m이다.

특정 건물이 있을 시, 해당 건물 반경 150m 이내에서는 건물 높이에 150m를 더한 높이가 비행 가능고도이다. 예를 들어, 30m 높이의 건물이 있다면 건물 반경 150m 이내에서는 180m가 비행가능고도이고, 건물로부터 150m 이상 떨어진 장소에서는 150m가 비행가능고도이다.

※ 단, 군사작전/시험 비행 등 특수목적의 비행 시에는 예외로 할 수 있다.

(4) 기상조건(현장의 기상상황 및 주변상공의 다른 항공기 접근여부 확인)

비행장에서 조종하는 조종자는 먼저 내가 비행하려는 지역에 다른 기체의 비행 계획 승인을 확인한 후 타 기체의 고도/경로를 확인한 후 지형을 파악하여 장애물 여부를 반드시 확인하며, 기상상황 특히 풍향/풍속을 확인하여 비상상황에 대처 할 수 있는 준비를 해야 한다. 특히 타 항공기 및 드론이 나의 진행 방향으로 접근 시에는 무조건 작은 기체가 양보해야함을 명심해야한다.

(5) 이 · 착륙장 및 주변 환경(인원통제 및 장애물 확인)

비행장 또는 비행 실습장 주변에는 인원이 접근할 수 없도록 2m 이상의 펜스를 설치해야하며 경고문구('이 곳은 드론 비행구역으로 무단 침입시에 발생되는 사고에 대해서는 본인에게 책임이 있습니다.')를 부착해야 하며 조종자는 펜스 내부로 들어온 인원/차량 발견 시 즉시 비행을 중단하고 인원/차량 등 장애물을 제거한 후 비행을 실시하여야 한다.

04 일반지식 및 비상절차

(1) 비행 규칙 / 비행 계획

① 비행 규칙

비행 시 필수적으로 휴대해야 하는 것은 초경량비행장치(무인멀티콥터) 자격증, 비행승인서, 안전성인증서, 비행기록부, 기체 신고서, 운전면허증 등이며 항공안전법 제124조에 의거 국토교통부장관이 정하여 고시하는 비행안전을 위한 기술상의 기준에 적합하다는 안전성 인증을 받아야 한다. 또한 낙하물 투하금지, 인구밀집지역 비행금지, 관제공역 비행금지, 비행고도 150m 준수, 안개로 지상목표물 육안 식별 불가능한 상태에서 비행금지, 일몰 후ㆍ일출 전 야간비행 금지, 음주 상태로 비행금지, 항공기 및 경량항공기를 육안으로 식별하여 미리 피할 수 있도록 비행하는 등의 조종사 준수사항을 반드시 지켜야한다. 미 준수시 200만원의 과태료가 부과된다.

※ 단, 2017.11.10일 부로 특별비행승인제도가 시행되어 야간 비행/비가시권 비행 조건이 충족된 기체에 한해서는 비행이 가능하다.

- **우선 야간비행 가능 조건**
  - 우발상황에 대비하여 안전하게 귀환할 수 있도록 유도하는 자동안전장치(Fail-Safe) 부착
  - 충돌 방지기능을 갖춰야하며 추락 시 위치정보 송신을 위해 GPS 위치 발신기를 부착
  - 조종자는 비상 상황에 대비한 훈련 및 비상 매뉴얼을 소지
  - 사고에 대비한 손해배상을 위한 보험ㆍ공제 가입
  - 한 명 이상의 관찰자 배치/5km 밖에서도 비행 중인 드론을 알아보도록 충돌 방지등 부착
  - 실시간 드론영상을 확인할 수 있도록 적외선 카메라 등 시각보조장치(FPV) 부착
  - 이/착륙장에는 지상조명시설과 서치라이트가 있어 드론이 안전하게 뜨고 내릴 수 있는 환경이 확보
- **비가시권 비행 조건**
  - 계획된 비행경로에서 드론이 수동/자동/반자동으로 이상없이 비행할 수 있는지 우선 확인
  - 비행경로에서 드론을 확인할 수 있는 관찰자를 한 명 이상 배치, 관찰자와 조종자가 드론을 원활히 조작할 수 있도록 통신을 유지
  - 통신망은 RF/LTE 등으로 이중화해서 통신 두절 상황에 대비
  - 시각보조장치(FPV)를 달아 비행상황을 확인할 수 있어야하고 만약 비행시스템에 이상이 발생할 경우 조종자에게 알리는 기능도 갖추어야 함

---

② 비행 계획

항공안전법 제127조에 의거 비행제한공역에서 비행하려는 사람은 미리 비행계획을 수립하여 국토교통부장관의 승인을 받아야한다. 비행승인 신청은 서울, 경기, 강원, 충남, 충북, 전북은 서울지방항공청에, 전남, 경북, 경남, 부산은 부산지방항공청에, 제주도는 제주지방항공청에 신청하면 된다.

(2) 비상절차

비상시 조치요령은 주변에 "비상"이라고 알려 사람들이 드론으로부터 대피하도록 하고, GPS모드에서 조종기 조작이 가능할 경우 바로 안전한 곳으로 착륙시키며, 만일 GPS모드에서 조종기 조작이 불가능할 경우 자세모드(에띠모드)로 변환하여 인명/시설에 피해가 가지 않는 장소에 빨리 착륙시킨다. 만약 자세모드 변환 후에도 조작이 원활하지 않다면 스로틀 키를 조작하여 최대한 인명/시설에 피해가 가지 않는 장소에 빨리 불시착시킨다.

(3) 충돌예방(우선권)

타 항공기 및 드론과의 충돌 가능성이 있을 경우 충돌예방을 위해 우선권은 큰 기체에 있고, 따라서 작은 기체가 양보해야함을 명심해야한다.

(4) NOTAM(Notice to Airman)

안전운항을 위한 항공정보로서 항공보안을 위한 시설, 업무, 방식 등의 설치 또는 변경, 위험의 존재 등에 대해서 운항관계자에게 국가에서 실시하는 고시로 기상정보와 항공기 운항에 없어서는 안될 중요한 정보(항공/운항 업무, 군사연습 등 포함)이다. 조종자는 비행에 앞서 반드시 노탐을 체크하여 출발의 가부, 코스의 선정 등 비행계획의 자료로 활용한다.

고시 방법에 따라 노탐클래스 1과 2로 나누어지며, 노탐 클래스 1은 돌발적 사항 또는 단기적 사항에 대해 조속히 주시시킬 필요가 있을 때 사용되며, 국제민간항공기구(ICAO) 노탐전신부호에 의해 텔레타이프(인쇄전시)로 보내진다. 노탐클래스 2는 장기적 사항을 사전에 도식 등을 사용해 상세하게 주지시킬 경우에 사용되며, 평서문으로 인쇄하여 우편으로 배포한다.

예를 들어 매번 수능일에는 모든 항공기들에게 수능 듣기평가 중에는 고도 3,000m 이하로 내려오지 말라는 노탐을 공지함으로써 수능 여건을 보장하고 있다.

05 이륙 중 엔진(모터) 고장 및 이륙 포기

(1) 이륙 중 모터 고장

이륙 중 또는 이륙비행 점검간 모터 고장에 따른 기체 이상 증상 발생 시 주변에 큰 소리로 "비상"이라고 경고하면서 최대한 안전한 곳으로 착륙시켜야 한다. 기타 절차는 비상조작/착륙단계의 실기비행 절차와 동일하다.

대표적인 이륙 중 모터 고장 사례는 다음과 같다.

① 모터 또는 변속기 과부하에 의해 주로 발생하는 사항은 전류/전압이 일정치 않게 공급됨으로써 1개 축의 모터/프로펠러 회전이 다른 축에 비해 고속 또는 저속으로 회전함으로써 드론이 저속으로 회전하는 축방향으로 비정상적으로 기울었다가 수평상태로 돌아오는데, 이때는 바로 안전한 곳으로 스로틀을 서서히 내리면서 착륙하여야 한다.

② 좌측 그림과 같이 2번 축의 모터/프로펠러가 낮은 RPM으로 "틱틱"거리게 되며, 심할 경우 실속상태가 되어 추락한다.

③ 우측 그림과 같이 2~3번 축의 변속기나 모터 이상으로 전류/전압이 일정하게 공급되지 않는다면 모터가 저속회전하여 양력이 감소되거나 순간 실속상태가 되어 추락 또는 심하게 기울어지게 되며 경우에 따라 전복하게 된다.

(2) 이륙 포기

이륙비행 전 비행 전 점검 단계에서 모터 또는 프로펠러, 암, 메인프레임, 랜딩기어(스키드) 등에 이상 발견 시에는 즉시 이륙을 포기하고 부품 교환 후 비행 전 점검 절차부터 다시 시작해야 한다.

**구술평가,
이것만은
알고가자**

다음은 실제 실기시험간 평가위원이 질문했던 사항들에 대해 정리한 것이다. 시험 전 최소한 이 질문 사항들에 대한 답은 외워두고 시험에 임해야 한다.

Q 조종자 준수사항

A 육안거리비행, 야간비행금지, 인구밀집지역 비행금지, 기상악화 시 비행금지, 음주 비행금지, 낙하물 투하금지, 항공촬영 시 관할기관 승인, 비행전 매뉴얼 숙지, 비행금지구역 비행금지

Q 비행금지구역

A P-73A(청와대), P-73B(청와대인근), R-75(수도권 비행제한구역), P-518(휴전선인근), P61~65(고리, 월성, 영광, 울진, 대전), 원전인근 18km, 공항인근(군 관제권) 9.3km

Q 원전지역 위치

A P61(고리) - 부산광역시 기장군, P62(월성) - 경주시 양남면, P63(한빛) - 영광군 홍농읍, P64(한울) - 울진군 북면, P65(대전 원자력연구소) - 대전광역시 유성구

Q 기체 제원

A 수험자가 사용하는 기체의 제원

예 ZLion-10

크기 : 2,185×2,185×375

프로펠러 : 30"×6.5"(76.2cm)

중량 : 배터리포함 12.5kg

적재중량 : 10kg

Q 프롭피치란?

A 30×8의 프롭일 경우 무부하 시 프롭이 1회전하면 8인치 전진한다.

Q 비행금지 기상조건

A 비, 우박, 천둥, 눈 등 기상악화 시

Q 기체에 작용하는 4가지 힘과 원리

A 양력, 중력, 추력, 항력 / 프로펠러가 회전하면서 발생하는 양력으로 기체 부양

Q 노탐(NOTAM)이란

A 안전운항을 위한 항공정보/항공보안을 위한 시설, 업무방식 등의 설치 또는 변경, 위험의 존재 등에 대해서 운항 관계자에게 국가에서 실시하는 고시로 기상정보와 함께 항공기 운항에 없어서는 안 될 중요한 정보이다. 조종사는 비행에 앞서 반드시 노탐을 체크하여 출발의 가부, 코스의 선정 등 비행계획의 자료로 삼고 있다.

Q 기체이 3축에 자용하는 3가지 원리

A 롤링(세로축을 기준으로 선회하는 운동)

피칭(가로축을 기준으로 선회하는 운동)

요잉(수직축을 중심으로 선회하는 운동)

Q 소나기 내릴 조건

A 뜨거운 태양 아래 지표면이 달궈지면 뜨거워진 공기가 상승할때

Q 앞에 무인기가 오고 있을 경우 어떤 조작을 해야 하는가?

A 무인기와 충돌을 피하는 방향(기수를 오른쪽으로)으로 비행하거나 착륙시킨다.

Q 기체번호 앞 'S7'이 뜻하는 것

A S : 초경량비행장치 / 7 : 무인동력비행장치

Q 기체 등록번호

A 사용하는 기체의 등록번호를 말한다.

Q 배터리를 오래 보관할 때 어떻게 해야 하는가?

A 50% 전후로 방전시켜서 보관한다.

Q FC박스 안테나 위치?

A FC 박스에 원형부분 / 수신기안테나 FC 박스에 더듬이 부분

Q 비행장치로 인해 사람이 사망했을 경우 대처방법은?

A 가장 먼저 119에 신고를 하고 조종자는 관할 지방항공청으로 지체없이 보고해야한다.

Q 관제공역 범위는?

A 공항중심 9.3km

Q 원전중심 18km인 곳은?

A 비행금지구역

구술평가

Q 조종자가 비행을 하려할 때 봐야하는 것은?

A 기상, 음주, 사람, 장애물, 시간

Q GPS가 안되면 어떻게 되는지 / 자세모드(에띠)전환 후 차이점?

A GPS모드는 위치정보를 받아 위치를 고정하게 되며, 자세모드는 기체의 수평만 잡아준다.

Q 항공안전법 제127조 제2항 / 항공안전법 제124조는?

A 제127조 제2항 : 비행제한공역에서 비행하려는 사람은 미리 비행계획을 수립하여 국토교통부 장관의 승인을 받아야 한다.

제124조 : 국토교통부장관이 정하여 고시하는 비행안전을 위한 기술상의 기준에 적합하다는 안전성인증을 받아야 한다.

Q 헬기와 멀티콥터의 차이점은?

A 헬기는 축이 1개이고 멀티콥터는 여러개

Q 멀티콥터가 전진할 때 앞뒤 프로펠러의 RPM이 어디가 낮아지고 높아지는가?

A 앞쪽 프로펠러가 낮아지고 뒤쪽 프로펠러가 높아진다.

Q 비행 시 필수적으로 휴대해야하는 것은?

A 자격증, 비행승인서, 안전성 인증서, 비행기록부, 운전면허증(비행 가능한 신체조건)

Q 유인항공기가 착륙할 때 어떻게 해야 하는가?

A 항공기 진행방향을 피해서 착륙한다.

Q 취득하고자 하는 자격증의 명칭은?

A 초경량비행장치 무인멀티콥터

Q 쿼드콥터란?

A 로터가 4개(헥사는 6개, 옥토는 8개, 도대카는 12개)

Q 인명사고 시 신고해야 하는 곳 3가지?

A 항공철도조사사고위원회, 지방항공청, 119

Q 과태료?

A 초경량비행장치 준수사항에 따르지 않고 이행할 경우 과태료 200만원
자격없이 초경량무인회전익 비행장치로 농약살포 등 영업을 하면 300만원 이하의 과태료

Q 메인베터리(리튬폴리머) 정격전압?

A 1cell 완충전압 4.2V, 정격전압 3.7V
6cell 완충전압 25.2V, 정격전압 22.2V

Q 안전사고가 발생했을 경우 신고하지않고 위반했을 경우 과태료

A 30만원

Q 기체의 프로펠러 한개가 멈추게 되면?

A 쿼드는 기울어지면서 뒤집어지고, 헥사는 한방향으로 돌고, 옥토는 그 자리에서 호버링은 가능

Q 비행이 가능한 고도는?

A 일반적으로 비행이 가능한 고도는 지표면을 기준으로 150m이다.
특정 건물이 있을 시, 해당 건물 반경 150m 이내에서는 건물 높이에 150m를 더한 높이가 비행가능고도이다. 예를 들어, 30m 높이의 건물이 있다면 건물 반경 150m 이내에서는 180m가 비행가능고도이고, 건물로부터 150m 이상 떨어진 장소에서는 150m가 비행가능고도이다.

PART

06

구술평가

Q 비행이 가능한 거리는?

A 앞뒤 구분이 명확하게 구분되는 거리

Q 비행제한구역에서 비행을 하려면 어떻게 해야하는가?

A 국토교통부장관의 승인을 받는다.

Q 물을 10L 적재했을 경우 기체(12.5kg)의 총 중량은?

A 22.5kg

Q 22.5kg일 때 안전성인증 검사와 비행승인을 받아야하나?

A 25kg 이하는 비행 승인, 안전성인증서, 비행훈련은 면제(단, 비행금지구역이 아닐 경우)

Q 롤링, 요잉, 피칭을 설명하시오

A 롤링 : 에일러론, 요잉 : 러더, 피칭 : 엘레베이터

Q 통신이 두절됐을 경우 대처방법은?

A 안테나 방향을 수정한다. / 페일세이프 기능이 작동되므로 기다린다.

Q 프로펠러가 한방향으로 강하게 회전 시 기체는 어떻게 움직이는가?

A 프로펠러 움직임의 반대 방향으로 움직인다. 이때 발생하는 현상은 반토크 현상이다.

Q 안전성인증을 받지 않고 사업을 했을 때 보험 미가입 경우 과태료?

A 500만원

Q 사업자등록을 안했을 경우?

A 1,000만원

구술평가

Q 배터리의 종류?

A 메인배터리 – 리튬폴리머, FC배터리 – 리튬폴리머, 조종기배터리 – 니켈수소/리튬철

Q 러더가 작동되는 원리

A 반토크상쇄의 원리로 역방향 프로펠러 RPM이 올라가면 우회전, 정방향 프로펠러 RPM이 올라가면 좌회전

Q 안정성검사는 어디서 받는가?

A 공주 안전검사소(초경량비행장치)

Q 사업자 등록을 할 때 필요한 것

A 기체소유증명서류, 제원/성능표, 사진, 보험증서

Q 사람이 지나갈 때 어떻게 해야하는가?

A 사람이 지나가는 반대방향으로 착륙해야 한다.

Q 초경량비행장치에 포함된 센서에 대해 설명하시오.

A 기체 imu(자이로) – 기체기울임 감지하여 수평 유지
기압계 – 기압을 측정하여 고도 유지
GPS – 기체의 위치 유지
지자계 콤파스 – 기체의 방향(전/후/좌/우)을 측정하여 기수방향을 유지

PART

07

부록

01 각종 양식

(1) 체크리스트

비행 Check List

						점검일자 :	.	.	.
기체번호		시작전 운용시간		종료후 운용시간		금일 운용시간		조종자, 점검자	

No	구 분	내 용	확 인		이상증상
			비행전	비행후	
1	조종기부	① 조종기상태 및 전압(7V 이하 충전) 확인	ok ☐	ok ☐	
2	날개부	① 4개 플롭 고정상태 확인, 좌, 우 플롭 레벨 확인	ok ☐	ok ☐	
		② 플롭과 모터의 상, 하, 좌, 우 유격 확인	ok ☐	ok ☐	
		③ 균열, 뒤틀림, 파손, 도색상태 확인	ok ☐	ok ☐	
	모터부	① 모터의 이물질 여부, 전방바디 마찰여부 확인	ok ☐	ok ☐	
		② 플롭을 한바퀴 돌려서 마찰여부 확인(정방향)	ok ☐	ok ☐	
		③ 모터의 부하여부(타는 냄새) 확인, 변색여부 확인	ok ☐	ok ☐	
	변속기부	① 변속기 방열판 이물질 확인 및 고정여부	ok ☐	ok ☐	
		② 변속기의 부하여부(타는냄새, 고열 등) 확인	ok ☐	ok ☐	
3	기체부	① 메인바디 크랙 및 파손여부, 볼트풀림 확인	ok ☐	ok ☐	
		② GPS 안테나 고정여부 및 배선상태 확인	ok ☐	ok ☐	
		③ LED 경고등 부착상태 확인	ok ☐	ok ☐	
		④ 수신기 안테나 상태(단선, 고정상태) 확인	ok ☐	ok ☐	
		⑤ 메인해치 고정상태 및 냉각팬 고정상태, 배선 확인	ok ☐	ok ☐	
4	기체내부	① 메인배터리 커넥터(단선, 간섭부) 확인	ok ☐	ok ☐	
		② FCC 고정상태 확인	ok ☐	ok ☐	
		③ 메인프레임 고정상태 확인	ok ☐	ok ☐	
5	랜딩기어	① 기체 장착상태, 균열, 파손, 마모 확인	ok ☐	ok ☐	
6	살포장치	① 약제 펌프 고정상태 및 약제 탱크 고정상태 확인	ok ☐	ok ☐	
		② 살포대 고정상태 확인 및 노즐, 벨브상태 확인	ok ☐	ok ☐	

이륙전 주의사항

No	내 용	확 인	비 고
1	현재 비행할 지역에 비행승인(지방항공청)은 받으셨습니까?	ok ☐	
2	라이센스(면허증)는 소지하고 있습니까?	ok ☐	
3	조종자와 부조종자의 몸상태는 괜찮습니까?	ok ☐	
4	기상상태는 확인하셨습니까?(초속 5m/s 비행금지)	ok ☐	
5	안전모와 조종기목걸이를 착용 하였습니까?	ok ☐	
6	보호안경(선글라스), 마스크 등 안전한 복장을 착용하였습니까?	ok ☐	
7	메인배터리와 조종기 배터리는 충전된 상태입니까?	ok ☐	
8	지금의 장소가 이착륙 장소로 적당합니까?	ok ☐	
9	주위의 장애물 확인 및 안전거리(15m) 확보를 하셨습니까?	ok ☐	

(2) 시뮬레이션 평가표

시뮬레이션 평가점검표

교육생＼평가항목	정지 호버링	좌측면 호버링	우측면 호버링	비 고

※ 채점 방식
- 교육생 수준에 따라 평가 항목을 "A, B, C, D" 단계로 채점을 한다.
- 조종기 동작이 큰 교육생은 "OP(Over Power)"로 비고란에 작성
- 방향감이 부족할 경우 "SD(Spatial Disorientation)"로 비고란에 작성
- 조종기를 잡고나서 공황에 빠지는 교육생은 "PS(Panic State)"로 비고란에 작성

※ 평가의 의의는 교관이 교육에 앞서 교육생의 상태를 미리 파악하고 교육에 주의 및 참고를 하기 위하여 작성한다.

(3) 비행로그기록지

기체(機體) 정보	종류 :		형식 :		신고번호 :	
	자체중량 :		최대이륙중량 :		인정기관 :	(서명)

연월일	비행장소	이륙 시각	착륙 시각	비행 시간 (단위:분)	임무별 비행시간				비행 목적 (훈련 내용)	교육생		지도조종자		
		이륙시점 아워미터	착륙시점 아워미터	아워미터 기간	기 장	훈 련	교 관	소 계		성 명	서 명	성 명	자격 번호	서 명

(4) 경력증명서

(앞면)

비 행 경 력 증 명 서

1. 성명 :   2. 소속 :   3. 생년월일(주민등록번호/여권번호) :   4. 연락처 :

① 일자	② 비행 횟수	③ 초경량비행장치						④ 비행 장소	⑤ 비행 시간 (hrs)	⑥ 임무별 비행시간				⑦ 비행 목적 (훈련 내용)	⑧ 지도조종자		
		종 류	형 식	신고 번호	최종 인증 검사 일	자체 중량 (kg)	최대 이륙 중량 (kg)			기 장	훈 련	교 관	소 계		성 명	자격 번호	서 명
계																	

초경량비행장치 조종자 증명 운영세칙 제9조에 따라 비행경력을 증명합니다.

발급일 :   발급기관명/주소 :   발급자 :   (인)   전화번호 :

비행경력증명서 기재요령

1. 흑색 또는 청남색으로 바르게 기재해야 합니다.

2. ①항은 년. 월. 일로 기재해야 합니다(예-07.01.01).

3. ②항은 해당 일자의 총 비행횟수를 기재합니다.

4. ③항은 해당 초경량비행장치 종류(무인비행기, 무인헬리콥터, 무인멀티콥터, 무인비행선), 형식(모델명), 신고번호, 해당일자에 비행 할 당시 초경량비행장치의 최종인증검사일을 기재합니다.

   * 안전성인증검사 면제대상인 기체는 최종인증검사일에 "면제"로 기재할 것

   * 자체중량(연료제외)과 최대이륙중량은 지방항공청에 신고할 때 중량을 기재할 것

5. ④항 비행장소는 해당 비행장치로 비행한 장소를 기재합니다. *예: 경북 김천

6. ⑤항 비행시간(hrs)은 해당일자에 비행한 총 비행시간을 시간(HOUR) 단위로 기재

   * 시간(HOUR) 단위 기재 예시: 48분일 경우 → 시간단위로 환산(48÷60)하여 0.8로 기재. 소수 둘째자리부터 버림

7. ⑥항 비행임무별 비행시간은 다음과 같습니다.

   – 기장시간 : 조종자증명을 받은 사람은 단독 또는 지도조종자와 함께 비행한 시간을 기재하고, 조종자증명을 받지 않은 사람은 지도조종자의 교육하에 단독으로 비행한 시간을 시간(HOUR) 단위로 기재

   – 훈련시간 : 지도조종자와 함께 비행한 교육시간을 시간(HOUR) 단위로 기재

   – 교관시간 : 지도조종자가 비행교육을 목적으로 교육생을 실기교육한 비행시간을 시간(HOUR)단위로 기재

8. ⑦항은 조종자증명을 받은 사람은 비행목적을 기재하고, 조종자증명을 받지 않은 사람은 훈련내용을 기재합니다.

9. ⑧항은 조종자증명을 받지 않은 사람은 비행 교육을 실시한 지도조종자의 성명, 자격번호 및 서명을 기재해야 합니다.

주 의 사 항

1. 해당 일자에 초경량비행장치 최종인증검사일로부터 유효기간이 경과된 비행장치로 행한 비행시간은 인정되지 않습니다(인증검사 면제대상인 기체 제외).

2. 비행임무별 비행시간 중 훈련시간은 지도조종자로부터 교육을 받은 시간만 비행경력으로 인정합니다.

3. 접수된 서류는 일체 반환하지 않으며, 시험(심사)에 합격한 후 허위기재 사실이 발견되거나 또는 응시자격에 해당되지 않는 경우에는 합격을 취소합니다.

02 드론 용어집(실기평가 시 사용되는 용어 위주)

(1) FC(Flight Controller) : 비행 컨트롤러 [지형 공간정보체계 용어사전]

비행 컨트롤러는 무선 조종기의 수신기와 ESC(Electronic Speed Controls, 전자 속도 제어) 사이에 연결되어 있다. FC는 무선 조종기에서 보내는 조종 명령과 자이로 센서 등의 입력에 따라 ESC에 모터를 제어하는 신호를 보내는 역할을 한다. 즉, 기체를 안정적으로 비행하게 하도록 모터를 제어한다. FC에는 다양한 종류와 많은 기능을 갖고 있는데 항공 촬영 드론의 경우는 GPS 기능이 필요하지만, 레이싱 쿼드는 일반적으로 필요 없는 기능이다. 레이싱 드론에 많이 사용하는 FC로는 NAZE32, CC3D 및 MultiWii가 있다.

기압계/고도계/기타 센서를 이용해서 드론을 제어하는데 최적화된 마이크로 보드 컨트롤러로서 초경량비행장치 전문 교육기관(12kg 이상 기체)에서 주로 사용하는 FC는 A3, A2, N3, 우공, PIXHAWK, T1-A(TopXGun) 등이다.

(2) ESC(Electronic Speed Controller) : 전자 변속기, 변속기 [지형 공간정보체계 용어사전]

배터리 전원을 입력받아 3상 주파수를 발생시켜 모터를 제어하는 보드다. 직류 모터는 직류 전류를 사용하지만, 브러시리스(Brushless) 모터는 3상 전류를 사용해야 하기 때문에 ESC가 필요하다. ESC는 모터 회전을 위해서 지속적으로 다른 위상의 고주파 신호를 만들어 모터에 인가한다. ESC는 물론 배터리의 전원을 모터에 제공하는 역할을 한다.

적합한 ESC를 선택할 때 가장 중요한 요소는 소스 전류이다. ESC를 선택할 때는 10A 이상의 ESC를 선택하거나 사용하는 모터 소스 전류 이상의 ESC를 선택해야 한다. ESC에 펌웨어를 다운받을 수 있는데 모터에 인가하는 주파수 범위를 조절할 수 있다.

초경량비행장치(무인멀티콥터) 전문 교육기관(12kg 이상 기체)에서 주로 사용하는 ESC는 HobbyWing / Flying Color(80~120A)이다.

(3) 스로틀(Throttle) : 조절판 [국방과학기술 용어사전]

엔진의 실린더로 유입되는 연료공기의 혼합 가스양을 조절하여 조종사가 원하는 동력 또는 추력을 얻기 위한 조종장치이다. 드론에서는 각 모터의 회전수(RPM)를 높거나 낮게 조작하는 장치로서 조종간을 올리면 순간 양력이 크게 발생하여 기체가 뜨고, 조종간을 내리면 모터회전수가 작아져 프로펠러의 하강풍에 의해 기체가 내려온다. 통상 MODE 2에서는 왼쪽에 있는 조종간(상/하)을 스로틀이라 한다.

(4) 러더(Rudder) / 요(Yaw) : 방향키 [위키백과]

항공기에서 방향키 또는 방향타는 배의 키처럼 수평 꼬리 구조에 붙어 있는, 승강타와 날개에 붙어 있어 피치(Pitch)와 롤(Roll)을 조정하는 보조익을 따라 있는 조정면을 가리킨다. 방향키는 보통 수직 안정판에 붙어 있는데, 조종사는 수평축으로 요(Yaw)를 조정하도록 한다. 항공기의 기수가 지시하는 방향으로 변화시킨다. 방향키 방향은 조종사의 발의 페달의 움직임으로 조정할 수 있다.

쉽게 말해 드론에서는 기체의 기수를 좌나 우로 돌리는 키로 생각하면 되며 통상 MODE 2에서는 왼쪽에 있는 조종간(좌/우)를 러더 또는 요라고 한다.

(5) 엘리베이터(Elevator) / 피치(Pitch) : 승강(타)기 [항공우주공학용어사전]

수평 안정판에 부착되어 있는 비행기의 꼬리가 올라가거나 내려가도록 하는 조종면을 말하며, 쉽게 말해 드론에서는 기체의 기수를 전진하거나 후진하게 하는 키로 생각하면 된다. 통상 MODE 2에서는 오른편에 있는 조종간(상/하)를 엘리베이터 또는 피치라고 한다.

에일러베이터(Ailevator)는 에일러론(Aileron, 보조날개)+엘리베이터(Elevator, 승강키(타))의 두 조종면이 합해진 복합 조종면이라 할 수 있으며, Ailevator가 Elevator와 Aileron 두 가지의 역할을 한다.

(6) 에일러론(Aileron) : 조종용(보조날개) 날개면 [두산백과]

비행기 날개 뒤 가장자리쪽에 경첩으로 고정되어 있는 작은 면적의 조종용 날개면(키면)이다. 조종석에서 직접 또는 동력기구 등으로 움직이게 되어 있다. 에일러론(보조날개)은 비행기의 전후축을 회전시키거나 또는 회전을 막아주는 역할을 한다. 즉, 조종간을 오른쪽으로 눕히면 오른쪽 날개의 보조날개는 위로 올라가고 왼쪽 날개의 보조날개는 아래로 내려가 오른쪽 날개는 날개단면의 캠버가 작아져서 양력(揚力)이 감소되고, 왼쪽 날개는 캠버가 커져서 양력이 증대하므로 비행기는 오른쪽으로 기울게 된다. 이때 비행기는 옆미끄럼[橫滑]을 하면서 크게 선회하게 된다.

쉽게 말해 드론에서는 기체의 기수를 좌로 가거나 우로 비행하게 하는 키로 생각하면 되며 통상 MODE 2 에서는 오른편에 있는 조종간(좌/우)를 에일러론이라 한다.

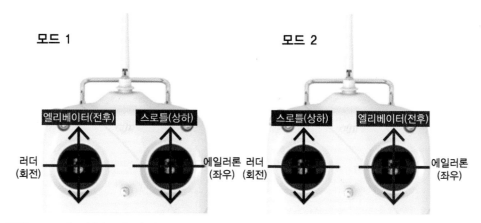

※ 스로틀(Throttle) : 상승 및 하강
   요(Yaw)/러더(Rudder) : 좌측 및 우측 회전
   피치(Pitch)/엘리베이터(Elevator) : 전진 및 후진
   롤(Roll)/에일러론(Aileron) : 좌측/우측 이동

(7) 프로펠러(Propeller) / 로터(Rotor) : 추진기 [위키백과 / 규사용어사전]

프로펠러(Propeller)는 비행기, 선박 등에서 엔진의 회전력을 추진력으로 바꾸는 장치를 통칭한다. 로터(Rotor)는 헬리콥터와 같은 수직으로 상승하는 데 필요한 양력을 발생시키는 회전날개로 항공기와 선박에 고정되어 추진력을 부여하는 장치인 프로펠러처럼 회전축이 고정되어 있지 않고 기울일 수 있게 되어 있다.

일부 사용자들이 프로펠러와 로터를 혼용하여 사용하는데, 쉽게 말해 드론에서는 프로펠러로 사용하는 것이 맞고 헬기에서는 로터라고 표현하는게 맞다. 드론과 헬기의 가장 큰 차이점은 드론의 프로펠러는 피치각이 동일한 상태에서 축선별 모터 회전수에 의해 전/후/좌/우 비행을 하지만 헬기는 날개가 회전하면서 각(가변 피치)을 기울여 전/후/좌/우 비행을 한다는 것이다.

(8) 메인 프레임(Main Frame) : 자동차, 자전거 따위의 주요 뼈대, 틀 [국어사전]

기계나 구조물에서 중요한 뼈대나 틀을 지칭한다. 멀티콥터에서 '메인 프레임'이라 하면 기체의 중심에 있는 구조물로서 통상 베터리 케이스와 FC/GPS 등을 내장/거치할 수 있다.

(9) 암(Arm) : 팔대 [산업안전대사전]

기계나 구조물에서 어떤 물체를 지지하는 팔 모양의 부품 또는 내민 가로재(橫材)를 말한다(세움틀, 간이틀). 멀티콥터에서 '암'이라 하면 기체의 중심에서 모터와 변속기를 지탱해주는 팔이라 할 수 있으며, 형태에 따라 폴딩(접이식)형과 기본형으로 구성되어 있다.

(10) 스키드(Skid) : 일부 항공기 바퀴 옆에 있는 활주부[어학 사전]

멀티콥터에서 '스키드'라 하면 기체를 지탱하는 다리라고 할 수 있으며, 스키드의 길이와 형태에 따라 착륙간 기체의 안정성이 달라진다. 통상 11자형보다는 사다리 형태의 스키드가 비상 또는 정상 착륙간에 안정성이 더 좋다.

(11) GPS(Global Positioning System) 모드 : 위성항법장치 [IT용어사전]

GPS 위성에서 보내는 신호를 수신해 사용자의 현재 위치를 계산하는 모드로 GPS를 통해 드론의 고도와 위치를 지정할 수 있어 가장 조정이 쉽다. 멀티콥터에서 'GPS 모드'라 하면 3~4개 GPS 수신시 비행체 위치 제어가 가능하며, 통상적으로 14~16개의 GPS를 수신하기 때문에 기체가 유동없이 제자리 호버링이 가능하다.

(12) 자세(Attitude) 모드 : 자세 유지 모드 [지형 공간정보체계 용어사전]

자세를 유지시켜 주는 모드로 조종자가 조종하지 않아도 바람이 불어 기체가 우로 기울어지면 오른쪽 모터 회전을 높여 자세는 유지된다. 멀티콥터에서 '자세 모드'라 하면 GPS가 미수신되어 비행체가 360도 방향 어디든지 초당 2~3m로 흐르기 때문에 조종자가 조종간(키)을 조종하여 흐르는 반대방향으로 키를 고정할 수 있어야하는 모드로서 초보자가 가장 어려워하는 부분으로 실기비행 코스에서 원주비행 다음으로 고난이도 코스이다.

(13) 매뉴얼(Manual) 모드 : 자세 유지 모드 [지형 공간정보체계 용어사전]

수동모드로 사용자가 모든 것을 조정해야 하는 모드이다. 고감도와 저감도로 나눠진다. 멀티콥터에서 '메뉴얼 모드'라 하면 GPS가 미수신된 상태에서 조종자가 조종간(키)을 조종하여 흐르는 반대방향(초당 3~5m)으로 키를 고정할 수 있어야하는 모드로서 초보자가 컨트롤 하기에는 어려운 모드로서 교육원에서는 해당 모드로 진입을 막아놓고 있다.

(14) 호버링(Hovering) : 일정한 고도를 유지한 채 움직이지 않는 상태 [항공우주공학 사전]

호버링이란 GPS가 수신된 상태에서 자세모드가 실행되어 외력(바람 등)에 의해 기체가 흔들려도 제자리에서 가만히 있는 상태를 말하며, 흔히 제자리 비행 또는 정지 비행이라고 한다. 실기 비행코스 1관문이 정지 호버링으로 모든 비행의 기본이 된다.

별지 #1

〈무인헬리콥터 및 무인멀티콥터 실비행장 표준 규격〉

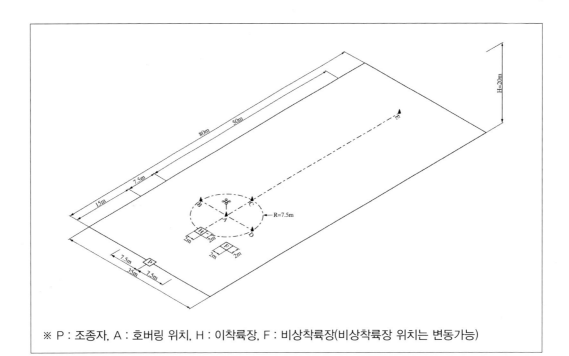

※ P : 조종자, A : 호버링 위치, H : 이착륙장, F : 비상착륙장(비상착륙장 위치는 변동가능)

PART 07 부록

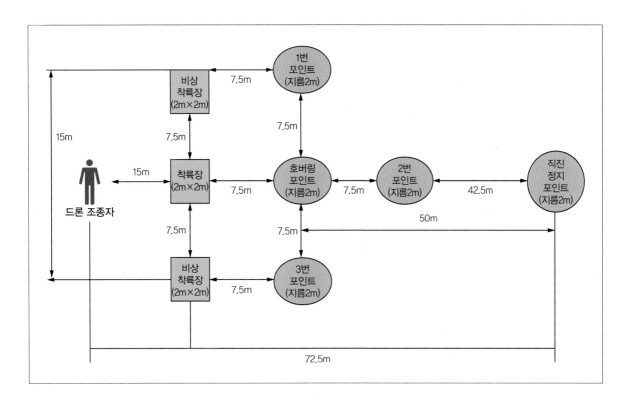

〈무인멀티콥터 실기 교육(시험)장 구성도〉

별지 #3

〈실기시험 가이드〉

(1) 실기시험 일정

시험 일정은 TS한국교통안전공단(http://www.ts2020.kr) 홈페이지 – 항공/초경량 자격시험 – 연간 시험 일정에서 확인할 수 있습니다.

(2) 실기시험 접수절차 개선

개선 전	개선 후
① 응시자 실기시험 접수(홈페이지)	① 응시자 실기시험 접수(홈페이지)

② 응시자 실기시험 접수내용 교육기관 확인(유선전화)

③ 세부 시험일정 확정 공지(응시표)

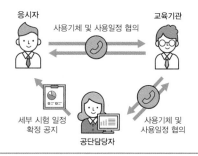

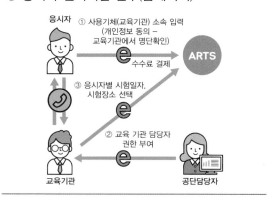

② 세부 시험일정 확정 공지(응시표)

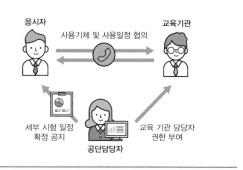

(3) 실기시험 시스템 접수방법(응시자)

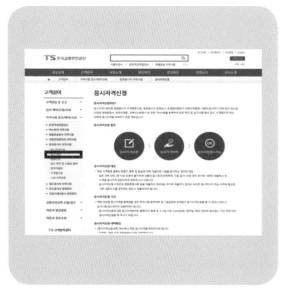

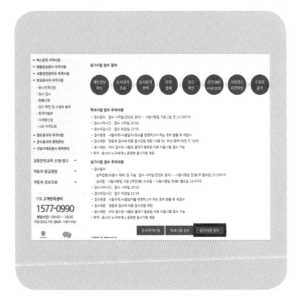

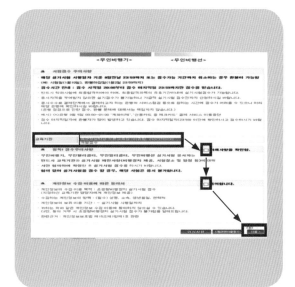

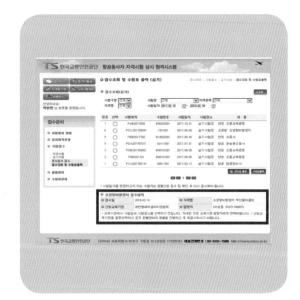

별지 #4

지역별 상시실기시험장 안내

1. 수도권(안양)

〈경인교육대학교 경기캠퍼스 골프장 옆 공터〉

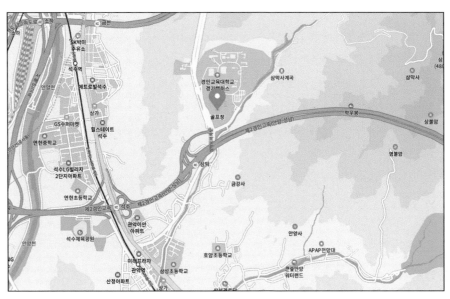

※ 지도 출처 : 네이버

주소 : 경기도 안양시 만안구 삼막로 155

• 지하철 : 1호선 관악역, 석수역 이용

• 버스 : 경인교육대 또는 경인교육대후문 정류장 하차

---

2. 강원(영월)

〈하늘샘럭비구장〉

※ 강원 홍천군 종합체육관에서 변경

※ 지도 출처 : 네이버

> 주소 : 강원도 영월군 영월읍 하송리 73번지 하늘샘럭비구장
> - 고속버스 : 영월시외버스터미널 이용
> - 자동차 : 중앙고속도로 제천 IC 이용

3. 경남(김해)

〈진영공설운동장〉

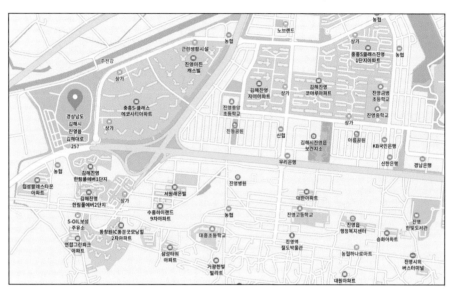

※ 지도 출처 : 네이버

주소 : 경상남도 김해시 김해대로 257

• 고속버스 : 진영시외버스터미널 이용

• 기차 : 진영역 이용

• 버스 : 진영공설운동장 또는 부곡 정류장 하차

4. 경남(사천)

〈삼천포공설운동장〉

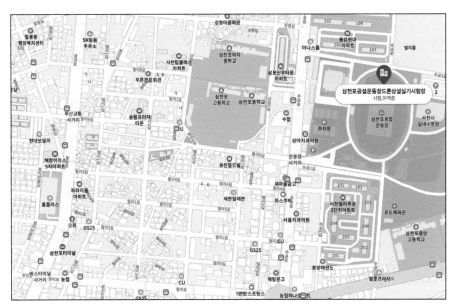

※ 지도 출처 : 네이버

주소 : 경남 사천시 주공로 32 삼천포종합운동장

• 고속버스 : 삼천포터미널 이용

• 버스 : 삼천포종합운동장 정류장 하차

5. 경북(영천)

〈영천시민운동장〉

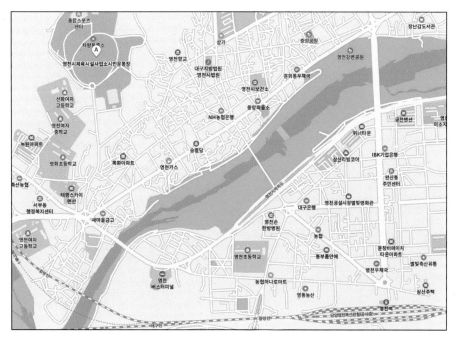

※ 지도 출처 : 네이버

주소 : 경북 영천시 교촌동 283-1
- 고속버스 : 영천버스터미널 이용
- 기차 : 영천역 이용
- 버스 : 영천시민운동장주차장 정류장 하차

6. 전남(순천)

〈순천만 국가정원스포츠센터〉

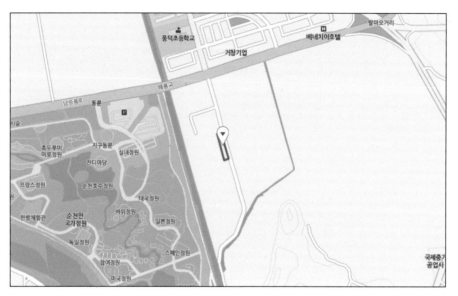

※ 지도 출처 : 네이버

주소 : 전남 순천시 연향동 814-25 순천만 국가정원스포츠센터

• 고속버스 : 순천고속버스터미널 이용

• 기차 : 순천역 이용

• 자동차 : 순천완주고속도로 동순천 IC 이용

7. 전북(전주)

〈완산생활체육공원 인조잔디축구장〉

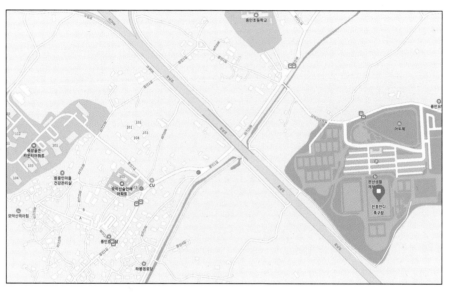

※ 지도 출처 : 네이버

주소 : 전북 전주시 완산구 모악산자락길 22

• 버스 : 완산생활체육공원 정류장 하차

8. 충남(청양)

〈청양공설운동장〉

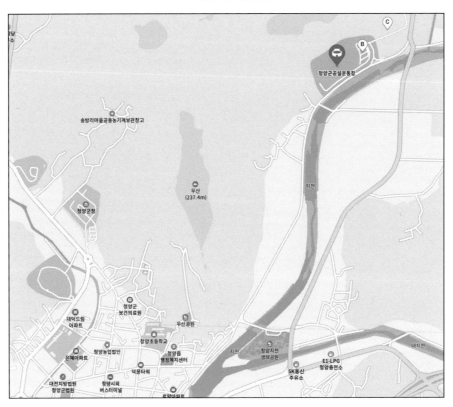

※ 지도 출처 : 네이버

주소 : 충남 청양군 청양읍 청산로 293

• 고속버스 : 청양시외버스터미널 이용

• 버스 : 백천리 또는 백천리회관앞 정류장 하차

9. 충북(보은)

〈보은스포츠파크〉

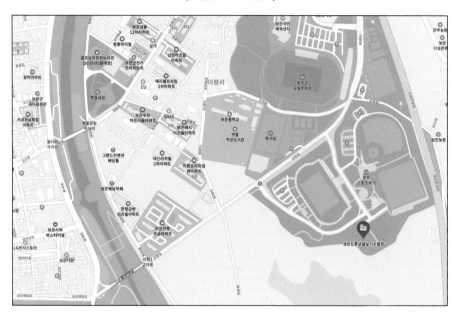

※ 지도 출처 : 네이버

주소 : 충북 보은군 보은읍 군청길 71 운동시설
- 고속버스 : 보은시외버스터미널 이용
- 버스 : 이평리 정류장 하차

별지 #5

초경량비행장치(무인멀티콥터) 실기시험표준서(PRACTICAL TEST STANDARDS)

※ 본 도서는 실기시험표준서에 의거하여 기술되었음을 알려 드립니다.

제1장 총 칙

1. 목 적

이 표준서는 초경량비행장치 무인멀티콥터 조종자 실기시험의 신뢰와 객관성을 확보하고 초경량
비행장치 조종자의 지식 및 기량 등의 확인과정을 표준화하여 실기시험 응시자에 대한 공정한 평
가를 목적으로 한다.

2. 실기시험표준서 구성

초경량비행장치 무인멀티콥터 실기시험 표준서는 제1장 총칙, 제2장 실기영역, 제3장 실기영역
세부기준으로 구성되어 있으며, 각 실기영역 및 실기영역 세부기준은 해당영역의 과목들로 구성
되어 있다.

3. 일반사항

초경량비행장치 무인멀티콥터 실기시험위원은 실기시험을 시행할 때 이 표준서로 실시하여야 하
며 응시자는 훈련을 할 때 이 표준서를 참조할 수 있다.

4. 실기시험표준서 용어의 정의

가. "실기영역"은 실제 비행할 때 행하여지는 유사한 비행기동들을 모아놓은 것이며, 비행 전 준
비부터 시작하여 비행종료 후의 순서로 이루어져 있다. 다만, 실기시험위원은 효율적이고 완
벽한 시험이 이루어 질 수 있다면 그 순서를 재배열하여 실기시험을 수행할 수 있다.

나. "실기과목"은 실기영역 내의 지식과 비행기동/절차 등을 말한다.

다. "실기영역의 세부기준"은 응시자가 실기과목을 수행하면서 그 능력을 만족스럽게 보여주어야 할 중요한 요소들을 열거한 것으로, 다음과 같은 내용을 포함하고 있다.

　1) 응시자의 수행능력 확인이 반드시 요구되는 항목

　2) 실기과목이 수행되어야 하는 조건

　3) 응시자가 합격될 수 있는 최저 수준

라. "안정된 접근"이라 함은 최소한의 조종간 사용으로 초경량비행장치를 안전하게 착륙시킬 수 있도록 접근하는 것을 말한다. 접근할 때 과도한 조종간의 사용은 부적절한 무인멀티콥터 조작으로 간주된다.

마. "권고된"이라 함은 초경량비행장치 제작사의 권고사항을 말한다.

바. "지정된"이라 함은 실기시험위원에 의해서 지정된 것을 말한다.

5. 실기시험표준서의 사용

가. 실기시험위원은 시험영역과 과목의 진행에 있어서 본 표준서에 제시된 순서를 반드시 따를 필요는 없으며 효율적이고 원활하게 실기시험을 진행하기 위하여 특정 과목을 결합하거나 진행순서를 변경할 수 있다. 그러나 모든 과목에서 정하는 목적에 대한 평가는 실기시험 중 반드시 수행되어야 한다.

나. 실기시험위원은 항공법규에 의한 초경량비행장치 조종자의 준수사항 등을 강조하여야 한다.

6. 실기시험표준서의 적용

가. 초경량비행장치 조종자증명시험에 합격하려고 하는 경우 이 실기시험표준서에 기술되어 있는 적절한 과목들을 완수하여야 한다.

나. 실기시험위원들은 응시자들이 효율적이고 주어진 과목에 대하여 시범을 보일 수 있도록 지시나 임무를 명확히 하여야 한다. 유사한 목표를 가진 임무가 시간 절약을 위해서 통합되어야 하지만, 모든 임무의 목표는 실기시험 중 적절한 때에 시범보여져야 하며 평가되어야 한다.

다. 실기시험위원이 초경량비행장치 조종자가 안전하게 임무를 수행하는 능력을 정확하게 평가하는 것은 매우 중요한 것이다.

라. 실기시험위원의 판단하에 현재의 초경량비행장치나 장비로 특정 과목을 수행하기에 적합하지 않을 경우 그 과목은 구술평가로 대체할 수 있다.

7. 초경량비행장치 무인멀티콥터 실기시험 응시요건

초경량비행장치 무인멀티콥터 실기시험 응시자는 다음 사항을 충족하여야 한다. 응시자가 시험을 신청할 때에 접수기관에서 이미 확인하였더라도 실기시험위원은 다음 사항을 확인할 의무를 지닌다.

가. 최근 2년 이내에 학과시험에 합격하였을 것

나. 조종자증명에 한정될 비행장치로 비행교육을 받고 초경량비행장치 조종자증명 운영세칙에서 정한 비행경력을 충족할 것

다. 시험당일 현재 유효한 항공신체검사증명서를 소지할 것

8. 실기시험 중 주의산만(Distraction)의 평가

사고의 대부분이 조종자의 업무부하가 높은 비행단계에서 조종자의 주의산만으로 인하여 발생된 것으로 보고되고 있다. 비행교육과 평가를 통하여 이러한 부분을 강화시키기 위하여 실기시험위원은 실기시험 중 실제로 주의가 산만한 환경을 만든다. 이를 통하여 시험위원은 주어진 환경 하에서 안전한 비행을 유지하고 조종실의 안과 밖을 확인하는 응시자의 주의분배 능력을 평가할 수 있는 기회를 갖게 된다.

9. 실기시험위원의 책임

가. 실기시험위원은 관계 법규에서 규정한 비행계획 승인 등 적법한 절차를 따르지 않았거나 초경량비행장치의 안전성 인증을 받지 않은 경우(관련규정에 따른 안전성인증면제 대상 제외) 실기시험을 실시해서는 안 된다.

나. 실기시험위원은 실기평가가 이루어지는 동안 응시자의 지식과 기술이 표준서에 제시된 각 과목의 목적과 기준을 충족하였는지의 여부를 판단할 책임이 있다.

다. 실기시험에 있어서 "지식"과 "기량" 부분에 대한 뚜렷한 구분이 없거나 안전을 저해하는 경우 구술시험으로 진행할 수 있다.

라. 실기시험의 비행부분을 진행하는 동안 안전요소와 관련된 응시자의 지식을 측정하기 위하여 구술시험을 효과적으로 진행하여야 한다.

마. 실기시험위원은 응시자가 정상적으로 임무를 수행하는 과정을 방해하여서는 안 된다.

바. 실기시험을 진행하는 동안 시험위원은 단순하고 기계적인 능력의 평가보다는 응시자의 능력
이 최대로 발휘될 수 있도록 기회를 제공하여야 한다.

10. 실기시험 합격수준

실기시험위원은 응시자가 다음 조건을 충족할 경우에 합격판정을 내려야 한다.

가. 본 표준서에서 정한 기준 내에서 실기영역을 수행해야 한다.

나. 각 항목을 수행함에 있어 숙달된 비행장치 조작을 보여 주어야 한다.

다. 본 표준서의 기준을 만족하는 능숙한 기술을 보여 주어야 한다.

라. 올바른 판단을 보여 주어야 한다.

11. 실기시험 불합격의 경우

응시자가 수행한 어떠한 항목이 표준서의 기준을 만족하지 못하였다고 실기시험위원이 판단하였
다면 그 항목은 통과하지 못한 것이며 실기시험은 불합격 처리가 된다. 이러한 경우 실기시험위
원이나 응시자는 언제든지 실기시험을 중지할 수 있다. 다만 응시자의 요청에 의하여 시험은 계
속될 수 있으나 불합격 처리된다.

실기시험 불합격에 해당하는 대표적인 항목들은 다음과 같다.

가. 응시자가 비행안전을 유지하지 못하여 시험위원이 개입한 경우

나. 비행기동을 하기 전에 공역확인을 위한 공중경계를 간과한 경우

다. 실기영역의 세부내용에서 규정한 조작의 최대 허용한계를 지속적으로 벗어난 경우

라. 허용한계를 벗어났을 때 즉각적인 수정 조작을 취하지 못한 경우 등

마. 실기시험 시 조종자가 과도하게 비행자세 및 조종위치를 변경한 경우

제2장 실기 영역

1. 구술 관련 사항

가. 기체에 관련한 사항

　1) 비행장치 종류에 관한 사항

　2) 비행허가에 관한 사항

　3) 안전관리에 관한 사항

　4) 비행규정에 관한 사항

　5) 정비규정에 관한 사항

나. 조종자에 관련한 사항

　1) 신체조건에 관한 사항

　2) 학과합격에 관한 사항

　3) 비행경력에 관한 사항

　4) 비행허가에 관한 사항

다. 공역 및 비행장에 관련한 사항

　1) 기상정보에 관한 사항

　2) 이 · 착륙장 및 주변 환경에 관한 사항

라. 일반지식 및 비상절차

　1) 비행규칙에 관한 사항

　2) 비행계획에 관한 사항

　3) 비상절차에 관한 사항

마. 이륙 중 엔진 고장 및 이륙 포기

　1) 이륙 중 엔진 고장에 관한 사항

　2) 이륙 포기에 관한 사항

2. 실기 관련 사항

가. 비행 전 절차

    1) 비행 전 점검

    2) 기체의 시동

    3) 이륙 전 점검

나. 이륙 및 공중조작

    1) 이륙비행

    2) 공중 정지비행(호버링)

    3) 직진 및 후진 수평비행

    4) 삼각비행

    5) 원주비행(러더턴)

    6) 비상조작

다. 착륙조작

    1) 정상접근 및 착륙

    2) 측풍접근 및 착륙

라. 비행 후 점검

    1) 비행 후 점검

    2) 비행기록

3. 종합능력 관련사항

가. 계획성

나. 판단력

다. 규칙의 준수

라. 조작의 원활성

마. 안전거리 유지

제3장 실기영역 세부기준

1. 구술관련 사항

가. 기체관련사항 평가기준

1) 비행장치 종류에 관한 사항

기체의 형식인정과 그 목적에 대하여 이해하고 해당 비행장치의 요건에 대하여 설명할 수 있을 것

2) 비행허가에 관한 사항

항공안전법 제124조에 대하여 이해하고, 비행안전을 위한 기술상의 기준에 적합하다는 '안전성 인증서'를 보유하고 있을 것

3) 안전관리에 관한 사항

안전관리를 위해 반드시 확인해야 할 항목에 대하여 설명할 수 있을 것

4) 비행규정에 관한 사항

비행규정에 기재되어 있는 항목(기체의 재원, 성능, 운용한계, 긴급조작, 중심위치 등)에 대하여 설명할 수 있을 것

5) 정비규정에 관한 사항

정기적으로 수행해야 할 기체의 정비, 점검, 조정 항목에 대한 이해 및 기체의 경력 등을 기재하고 있을 것

나. 조종자에 관련한 사항 평가기준

1) 신체조건에 관한 사항

유효한 신체검사증명서를 보유하고 있을 것

2) 학과합격에 관한 사항

필요한 모든 과목에 대하여 유효한 학과합격이 있을 것

3) 비행경력에 관한 사항

기량평가에 필요한 비행경력을 지니고 있을 것

4) 비행허가에 관한 사항

항공안전법 제125조에 대하여 설명할 수 있고 비행안전요원은 유효한 조종자 증명을 소지하고 있을 것

부록

다. 공역 및 비행장에 관련한 사항 평가기준

　1) 공역에 관한 사항

　　비행관련 공역에 관하여 이해하고 설명할 수 있을 것

　2) 비행장 및 주변 환경에 관한 사항

　　초경량비행장치 이착륙장 및 주변 환경에서 운영에 관한 지식

라. 일반 지식 및 비상절차에 관련한 사항 평가기준

　1) 비행규칙에 관한 사항

　　비행에 관한 비행규칙을 이해하고 설명할 수 있을 것

　2) 비행계획에 관한 사항

　　가) 항공안전법 제127조에 대하여 이해하고 있을 것

　　나) 의도하는 비행 및 비행절차에 대하여 설명할 수 있을 것

　3) 비상절차에 관한 사항

　　가) 충돌예방을 위하여 고려해야 할 사항(특히 우선권의 내용)에 대하여 설명할 수 있을 것

　　나) 비행 중 발동기 정지나 화재발생 시 등 비상조치에 대하여 설명할 수 있을 것

마. 이륙 중 엔진 고장 및 이륙포기 관련한 사항 평가기준

　1) 이륙 중 엔진 고장에 관한 사항

　　이륙 중 엔진 고장 상황에 대해 이해하고 설명할 수 있을 것

　2) 이륙포기에 관한 사항

　　이륙 중 엔진 고장 및 이륙 포기 절차에 대해 이해하고 설명할 수 있을 것

2. 실기관련 사항

가. 비행 전 절차 관련한 사항 평가기준

　1) 비행 전 점검

　　점검항목에 대하여 설명하고 그 상태의 좋고 나쁨을 판정할 수 있을 것

　2) 기체의 시동 및 점검

　　가) 올바른 시동절차 및 다양한 대기조건에서의 시동에 대한 지식

　　나) 기체 시동 시 구조물, 지면 상태, 다른 초경량비행장치, 인근 사람 및 자산을 고려하여

적절하게 초경량비행장치를 정대

다) 올바른 시동 절차의 수행과 시동 후 점검 · 조정 완료 후 운전상황의 좋고 나쁨을 판단할 수 있을 것

3) 이륙 전 점검

가) 엔진 시동 후 운전상황의 좋고 나쁨을 판단할 수 있을 것

나) 각종 계기 및 장비의 작동상태에 대한 확인절차를 수행할 수 있을 것

나. 이륙 및 공중조작 평가기준

1) 이륙비행

가) 원활하게 이륙 후 수직으로 지정된 고도까지 상승할 것

나) 현재 풍향에 따른 자세수정으로 수직으로 상승이 되도록 할 것

다) 이륙을 위하여 유연하게 출력을 증가

라) 이륙과 상승을 하는 동안 측풍 수정과 방향 유지

2) 공중 정지비행(호버링)

가) 고도와 위치 및 기수방향을 유지하며 정지비행을 유지할 수 있을 것

나) 고도와 위치 및 기수방향을 유지하며 좌측면/우측면 정지비행을 유지할 수 있을 것

3) 직진 및 후진 수평비행

가) 직진 수평비행을 하는 동안 기체의 고도와 경로를 일정하게 유지할 수 있을 것

나) 직진 수평비행을 하는 동안 기체의 속도를 일정하게 유지할 수 있을 것

4) 삼각비행

가) 삼각비행을 하는 동안 기체의 고도(수평비행 시)와 경로를 일정하게 유지할 수 있을 것

나) 삼각비행을 하는 동안 기체의 속도를 일정하게 유지할 수 있을 것

※ 삼각비행 : 호버링 위치 → 좌(우)측 포인트로 수평비행 → 호버링 위치로 상승비행 → 우(좌)측 포인트로 하강비행 → 호버링 위치로 수평비행

5) 원주비행(러더턴)

가) 원주비행을 하는 동안 기체의 고도와 경로를 일정하게 유지할 수 있을 것

나) 원주비행을 하는 동안 기체의 속도를 일정하게 유지할 수 있을 것

다) 원주비행을 하는 동안 비행경로와 기수의 방향을 일치시킬 수 있을 것

6) 비상조작

비상상황 시 즉시 정지 후 현위치 또는 안전한 착륙위치로 신속하고 침착하게 이동하여 비상착륙할 수 있을 것

다. 착륙조작에 관련한 평가기준

1) 정상접근 및 착륙

가) 접근과 착륙에 관한 지식

나) 기체의 GPS 모드 등 자동 또는 반자동 비행이 가능한 상태를 수동비행이 가능한 상태 (자세모드)로 전환하여 비행할 것

다) 안전하게 착륙조작이 가능하며, 기수방향유지가 가능할 것

라) 이착륙장 또는 착륙지역 상태, 장애물 등을 고려하여 적절한 착륙지점(Touchdown Point) 선택

마) 안정된 접근자세(Stabilized Approach)와 권고된 속도(돌풍요소를 감안) 유지

바) 접근과 착륙 동안 유연하고 시기적절한 올바른 조종간의 사용

2) 측풍접근 및 착륙

가) 측풍 시 접근과 착륙에 관한 지식

나) 측풍상태에서 안전하게 착륙조작이 가능하며, 방향유지가 가능할 것

다) 바람상태, 이착륙장 또는 착륙지역 상태, 장애물 등을 고려하여 적절한 착륙지점 (Touchdown Point) 선택

라) 안정된 접근자세(Stabilized Approach)와 권고된 속도(돌풍요소를 감안) 유지

마) 접근과 착륙동안 유연하고 시기적절한 올바른 조종간의 사용

바) 접근과 착륙동안 측풍 수정과 방향 유지

라. 비행 후 점검에 관련한 평가기준

1) 비행 후 점검

가) 착륙 후 절차 및 점검 항목에 관한 지식

나) 적합한 비행 후 점검 수행

2) 비행기록

비행기록을 정확하게 기록할 수 있을 것

3. 종합능력 관련 사항 평가기준

가. 계획성

비행을 시작하기 전에 상황을 정확하게 판단하고 비행계획을 수립했는지 여부에 대하여 평가할 것

나. 판단력

수립한 비행계획을 적용 시 적절성 여부에 대하여 평가할 것

다. 규칙의 준수

관련되는 규칙을 이해하고 그 규칙의 준수여부에 대하여 평가할 것

라. 조작의 원활성

기체 취급이 신속·정확하며 원활한 조작을 하고 있는지 여부에 대하여 평가할 것

마. 안전거리 유지

실기시험 중 기종에 따라 권고된 안전거리 이상을 유지할 수 있을 것

드론 초경량비행장치(무인멀티콥터) 실기편(교육용 교본)

개정1판1쇄 발행	2020년 03월 05일 (인쇄 2020년 01월 06일)
초 판 발 행	2018년 05월 10일 (인쇄 2018년 03월 26일)
발 행 인	박영일
책 임 편 집	이해욱
편 저	서일수 · 장경석
편 집 진 행	윤진영 · 박형규
표지디자인	조혜령
편집디자인	조혜령
발 행 처	(주)시대고시기획
출 판 등 록	제10-1521호
주 소	서울시 마포구 큰우물로 75 [도화동 538 성지 B/D] 9F
전 화	1600-3600
팩 스	02-701-8823
홈 페 이 지	www.sidaegosi.com
I S B N	079 11-254-6661-1(13550)
정 가	30,000원

단기학습을 위한
완전학습서

핵심이론
핵심만 쉽게 설명하니까

핵심예제
꼭 알아야 할 내용을 다시 한번 짚어 주니까

과년도 기출문제
시험에 나오는 문제유형을 알 수 있으니까

최근 기출문제
상세한 해설을 담고 있으니까

(주)시대고시기획이 만든

기술직 공무원 합격 대비서

TECH
BIBLE

기술직 공무원 화학
별판 | 20,000원

합격을 열어주는 완벽 대비서

테크 바이블 시리즈만의 특징

기술직 공무원 생물
별판 | 20,000원

01 핵심이론

한눈에
이해할 수 있도록
체계적으로 정리한
핵심이론

02 필수확인문제

철저한 시험유형
파악으로 만든
필수확인문제

03 최신 기출문제

국가직 · 지방직 등
최신 기출문제와
상세 해설 수록

기술직 공무원 물리
별판 | 20,000원

기술직 공무원 전기이론
별판 | 20,000원

기술직 공무원 전기기기
별판 | 20,000원

기술직 공무원 기계일반
별판 | 21,000원

기술직 공무원 환경공학개론
별판 | 20,000원

기술직 공무원 재배학개론
별판 | 23,000원

기술직 공무원 식용작물
별판 | 24,000원

기술직 공무원 기계설계
별판 | 20,000원

기술직 공무원 임업경영
별판 | 20,000원

기술직 공무원 조림
별판 | 20,000원

시대에듀

시대북 통합서비스 앱 안내

연간 1,500여 종의 수험서와 실용서를 출간하는 시대고시기획, 시대교육, 시대인에서
출간 도서 구매 고객에 대하여 도서와 관련한 "실시간 푸시 알림" 앱 서비스를 개시합니다.

이제 시험정보와 함께 도서와 관련한 다양한 서비스를
스마트폰에서 실시간으로 받을 수 있습니다.

? 사용방법 안내

1. 메인 및 설정화면

- 로그인/로그아웃
- 푸시 알림 신청내역을 확인하거나 취소할 수 있습니다.
- 1:1 질문과 답변(답변 시 푸시 알림)

2. 도서별 세부 서비스 신청화면

메인의 "도서명으로 찾기" 또는 "ISBN으로 찾기"로 도서를 검색, 선택하면
원하는 서비스를 신청할 수 있습니다.

| 제공 서비스 |

- 최신 이슈&상식 : 최신 이슈와 상식(주 1회)
- 뉴스로 배우는 필수 한자성어 : 시사 뉴스로 배우기 쉬운 한자성어(주 1회)
- 정오표 : 수험서 관련 정오 자료 업로드 시
- MP3 파일 : 어학 및 강의 관련 MP3 파일 업로드 시
- 시험일정 : 수험서 관련 시험 일정이 공고되고 게시될 때
- 기출문제 : 수험서 관련 기출문제가 게시될 때
- 도서업데이트 : 도서 부가 자료가 파일로 제공되어 게시될 때
- 개정법령 : 수험서 관련 법령이 개정되어 게시될 때
- 동영상강의 : 도서와 관련한 동영상강의 제공, 변경 정보가 발생한 경우

* 향후 서비스 자동 알림 신청 : 추가된 서비스에 대한 알림을 자동으로
　　　　　　　　　　　　　　　　발송해 드립니다.

* 질문과 답변 서비스 : 도서와 동영상강의 등에 대한 1:1 고객상담

? 앱 설치방법　▶ Google Play　App Store

← 　시대에듀로 검색　🎤

🎧 [고객센터]

1:1문의 http://www.sdedu.co.kr/cs
대표전화 1600-3600

본 앱 및 제공 서비스는 사전 예고 없이 수정, 변경되거나 제외될 수 있고, 푸시 알림 발송의 경우 기기변경이나 앱 권한 설정,
네트워크 및 서비스 상황에 따라 지연, 누락될 수 있으므로 참고하여 주시기 바랍니다.